詳解

3次元点群処理

Pythonによる基礎アルゴリズムの実装

金崎朝子・秋月秀一・千葉直也［著］

講談社

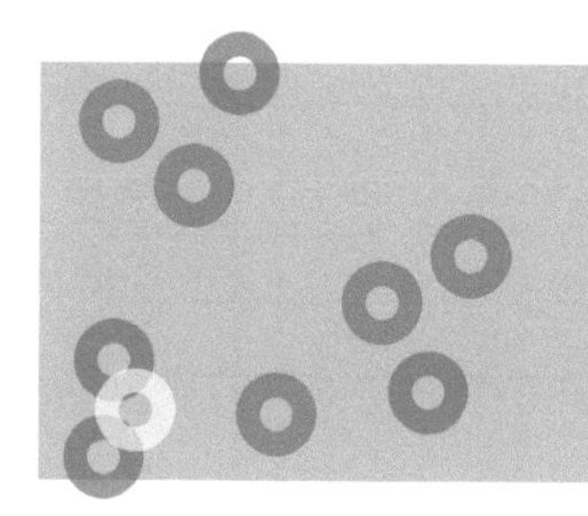

目次

第1章

はじめに

本章では，まず，3次元世界とは何かを考えます．次に，本書の構成について紹介します．ここで，本書の内容をよりよく理解するために，パソコンの用意を推奨します．そして，1.3節にて3次元の計測原理を，1.4節にて3次元センサを紹介します．これらの節を読むことで，3次元情報，特に3次元点群データとは何かについての理解が深まるでしょう．

1.1 3次元世界について

「3次元」という言葉にどのようなイメージがわくでしょうか．おそらく，多くの人にとって「3次元」という言葉には，「リアルな」「実在する」といったイメージが伴うのではないでしょうか．例えば，アニメや漫画などの創作物に登場する架空のキャラクタと実在の人間を区別するために，前者を「2次元の人」，後者を「3次元の人」と呼ぶことがあります．これは，その人の住む世界の次元数に言及した表現です．すなわち，創作物のキャラクタが2次元の平面である紙（あるいは画面）の上に存在しているのに対し，我々は，その平面に直交する「奥行き」の軸が加わった3次元の世界に住んでいます．数学的には，次元数は空間の軸の数を指します．1次元空間は直線を指し，2次元空間は平面を指し，3次元空間は立体を指すのです．3次元世界とは，我々の住む現実世界に他ならず，このために，我々は3次元の空間を知覚することが可能なのです．逆にいえば，我々の住む現実世界が3次元空間となるように，「軸」の概念が定義されたのだと考えることもできましょう．

某国民的アニメ作品の中で，4次元ポケットというアイテムが登場します．このポケットの中は，我々の住む3次元世界に直交する軸が1つ追加された4次元空間という途方もない広がりを持った空間であるために，限りない数の道具を収納することが可能です．では，このような4次元空間を持つポケットの中がどのような形状をしているかを想像できるでしょうか．それは不可能なことだといえるでしょう．なぜなら，我々人間は3次元世界の住人だからです．日本を代表する漫画家，手塚治虫の作品『ふしぎな少年』の主人公は，ある日，3次元世界から逸脱して4次元世界の住人になります．そして，この少年は時間軸——普通の人間には見ることができない4つ目の軸——を行き来することができるようになります．この少年を一般人が観測すると，「(少年が）銀座と上野に同時刻に現れた」といったワープ現象が起きたように見えるのです．同作品の中には「面の世界に住む人間」が登場しますが，彼らには普通の(3次元世界に住む）人間が知覚できません．そして彼らが描かれた紙の上に3次元の人間が乗ると，彼らにはその靴の底が「急に現れた」ように見えるものの，その靴を履いた人間の全体像を見ることはできません．

近年，人工知能の研究が盛んとなっています．ここで，「知能」とは何でしょうか．この問いに直接答えることは難儀ですが，少なくともいえることは，人間には知能があるということです．もし仮に人工物が人間のように思考することができるようになれば，それは人工知能であるといえるのではないでしょうか．筆者は，「人間のように世界を知覚する」ことが「人間のように思考する」ことへの第一歩であると考えます．このためには，我々の住む3次元世界の情報を，3次元のデータとして取得し，処理することが重要なのです．我々は，3次元世界に存在する物体の1つ1つをひとまとまりのものとして知覚でき，それが上下左右に移動した場合の動きや，回転した場合の姿勢の変化を「見る」ことができます．本書では，そのような情報処理を機械的に行うための 3 次元データ処理について，広く紹介していきます．

1.2 本書について

本書は，サンプルコードを交えた実践的な処理に触れながら，3 次元点群処理の基礎から応用までを学ぶことを目的としています．特に，本書ではオープンソースライブラリ Open3D[注1] を用います．Open3D は C++ および Python を用いて書かれたさまざまな 3 次元データ処理関数を提供しています．本書では Python のサンプルコードを紹介しますが，その中で使用する関数のコアな部分は C++ 実装のバインディング[注2]であるため，十分に高速な処理が可能です．

本書のサンプルコードはすべて `https://github.com/3d-point-cloud-processing/3dpcp_book_codes` という URL の GitHub レポジトリに置かれています．Ubuntu または macOS の環境があれば，その環境で動作を確認できます[注3]．これらのサンプルコードをローカル環境で動かすために，まずはレポジトリをクローンするところからはじめましょう．

```
$ git clone --recursive \
https://github.com/3d-point-cloud-processing/3dpcp_book_codes
```

ここでは，`--recursive` オプションを付けることで，サブモジュールとして管理しているレポジトリもローカル環境にダウンロードできます．`3rdparty` ディレクトリに `Open3D` というディレクトリがあり，その下にファイルが存在していることを確認しましょう．

次に，Open3D をインストールします．最も推奨する方法は `pip` によるパッケージのインストールです．下記のコマンドを実行しましょう．

```
$ pip install open3d==0.14.1
```

これにより，本書執筆時点での最新バージョンである Open3D 0.14.1 がインストールされます．確認のため，下記のコマンドを実行しましょう．

```
$ python -c "import open3d; print(open3d.__version__)"
```

注1 `http://www.open3d.org/`

注2 他言語で書かれたモジュールを関連付け，呼び出せるようにすること．

注3 Windows OS の場合は，Windows Subsystem for Linux (WSL) をインストールして使用することを推奨します．

標準出力に“0.14.1”が表示されて処理が終了すれば，Open3D 0.14.1 が正しくインストールされていることがわかります．

次に，pip を使わずにソースファイルから Open3D をインストールする方法を紹介します．先のレポジトリの 3rdparty ディレクトリ以下にはバージョン 0.14.1 に対応する Open3D レポジトリがクローンされてますので，このディレクトリに移動して，Open3D ライブラリをコンパイルすることが可能です．まず，Ubuntu 環境の場合は，下記を実行して依存パッケージをインストールします．

```
$ cd $YOURPATH/3dpcp_book_codes/3rdparty/Open3D
$ util/install_deps_ubuntu.sh
```

次に，（Ubuntu/macOS にかかわらず）下記を実行してパッケージをコンパイルします．

```
$ cd $YOURPATH/3dpcp_book_codes/3rdparty/Open3D
$ mkdir build; cd build; cmake ..
$ make -j
$ make python-package
```

ここで，cmake のバージョンが 3.19.2 以上である必要があることに注意してください．コンパイルが成功すると，lib/python_package ディレクトリ以下に Open3D の Python パッケージが作成されます．以下のコマンドを実行してパス[注4]を通せば，pip を使ってインストールした場合と同様に，Python で Open3D モジュールを読み込むことが可能となります．

```
$ export PYTHONPATH=`pwd`/build/lib/python_package:$PYTHONPATH
```

ただし，このようにソースファイルからライブラリをコンパイルすることは時間がかかります．ソースファイルを変更してライブラリをカスタマイズしたい場合には有効ですが，本書のサンプルコードを動かすのみの目的であれば，この作業は不要であり，pip によるインストールで十分です．3dpcp_book_codes レポジトリが Open3D レポジトリをサブモジュールとして参照する主な理由は，Open3D レポジトリの examples/test_data 以下のテストデータをローカルにダウンロードし，使用することにあります．あるいは，Open3D ライブラリ関数の実装の中身をよく知るために，サンプルコードをエディタで開いて読むことも勉強になるでしょう．

以上で本書を読む準備が整いました．第 2 章では，点群ファイルの入出力から描画，回転・

注4　環境変数としてフォルダの位置を指定することで，指定されたフォルダ内のプログラムの参照を可能にすること．

並進・スケール変換・サンプリング，そして法線推定といった最も基礎的な点群処理を紹介します．第3章では，特徴点と特徴量の抽出方法を紹介します．ここで紹介する特徴点と特徴量は第5章にも登場します．第4章は，点群処理の中でも最も主要な処理の1つである，点群レジストレーション（位置合わせ）を行う方法を紹介します．第5章では，パターン認識の処理として，物体の識別・姿勢推定・プリミティブ検出・セグメンテーションといったさまざまな物体認識のタスクを点群を用いて行う方法を紹介します．第6章は，より最近の研究事例として，深層学習による3次元点群処理の基礎から応用までを紹介します．最後に，第7章は点群以外のデータ形式の3次元データ処理について，その変換方法もあわせて紹介します．各章のサンプルコードとして，Python コード（拡張子.py のファイル）および IPython notebook（拡張子.ipynb のファイル）が，先のレポジトリの章ごとのディレクトリに格納されています．なお，コマンドラインから IPython notebook を起動するには，下記を実行します．

```
$ ipython notebook
```

また，第6章のサンプルコードは，深層学習フレームワーク PyTorch およびその拡張ライブラリである PyTorch Geometric を用います．これらのインストール方法については，第6章を参照してください．

1.3 3次元計測原理

現在市販されている3次元情報を計測できる装置にはさまざまなものがあります．本書で取り扱うような光学式の計測装置以外にも，広義の3次元計測としては接触式のプローブ型計測装置やロボット用の触覚センサなどを用いることでも3次元形状の取得が可能です．本書では（産業用ロボットや自動運転車を含む）ロボットビジョンにて用いられることが多い，光学式の3次元計測装置を特に3次元センサと呼び，種類と簡単な計測原理を紹介します．

3次元センサはステレオ法による計測と ToF (Time-of-Flight) による計測に大別できます．ステレオ法は2つの光学系における視差から奥行きを計算することで3次元形状を取得する計測方法です．2つ以上の光学系のそれぞれの外部パラメータ・内部パラメータが既知である（キャリブレーション済みの光学系を用いる）ことを前提として，ある3次元点に対応する画像平面上での座標がそれぞれの光学系で取得できたとします．このとき三角測量の原理を利用して奥行きを計算する（視差を計算する）ことができるため，3次元計測が実現します．対応する座標の取得のためにさまざまな手法が提案されており，それに合わせてさまざまな光学系が用いられています．プロジェクタ（あるいはラインレーザなどのライン光源）とカメラからなる装置（プロジェクタ・カメラシステム）でこれらの間の視差から3次元計測を行う手法をアクティブステレオ法，カメラ2つからなる装置（ステレオカメラシステム）でカメラ間の視差から3次元計測を行う手法をパッシブステレオ法と呼びます．実用上／研究目的ではこれらを発展させた装置を用いる場合も多く，多視点カメラを用いるマルチビューステレオ法や，ステレオカメラに加えてパターン光投影を行うためのプロジェクタを伴った計測システム，偏光特性を組み合わせてロバスト化[注5]した計測システムなどが利用されています．

アクティブステレオ法において視差を得るためには，各カメラ画素についてどの光源画素から照射された光線が観測されたかを取得する必要があります．ライン光源を用いる場合，この手法は光切断法と呼ばれ，幾何的に光源・カメラ間の対応を求めることができます．プロジェクタなどによるパターン光投影とカメラによる計測を行う場合，パターンにプロジェクタ画素の情報を埋め込みカメラの画素ごとに復元します．この埋め込み方法として位相シフト法や空間コード化法（グレイコード法など）が実用化されています．

パッシブステレオ法では，カメラ間での画素の対応を得るために画像上の小領域を重ね合わせたときの一致度によって対応画素を探索するステレオブロックマッチングがよく用いられます．このとき一致度計算の方法や画像の前処理においてさまざまな工夫がなされています．ステレオブロックマッチングで画像全体を探索すると計算コストが大きいため，平行化 (Stereo Rectification) という処理を行って幾何的な条件から探索範囲を制限し視差を計算しやすくします．このアプローチでは表面テクスチャが存在しない物体（工業部品や壁などの単色平面など）について視差を得ることができないため，実用上はランダムドットパターンなどの投影を伴って視差を得るための補助とする場合が多いです．このような例では光の投影は行いますが，プロジェクタとカメラの間でステレオ計測を行っているわけではないことに留意してください．

その他のステレオ法による3次元計測手法として照度差ステレオ法があります．これは，複数位置の光源からの投光とカメラでの計測によって，点光源に対する反射モデルを仮定することで表面の法線方向を推定，奥行きに相当する情報を得る手法です．

ステレオ法ベースの手法はカメラの高解像度化に伴って精密な3次元形状を計測できるようになっている一方，3次元計測手法ではシーンでの光の反射が理想的である（例えば複数回の反射が生じていない，表面下散乱が生じていないか軽微である，拡散反射が支配的であるなど）ことを仮定した手法が多く，金属部品の計測や凍った地面の計測，霧のかかった状態での計測などを苦手とします．これらの条件下でも計測できる手法が研究・開発されつつあり，またハードウェア的な改善や偏光情報の利用などでのロバスト化も進められています．

注5　ここでは，外乱光やシーンの変化があっても正しく計測できるという意味でロバスト性（頑健性）を高めることをロバスト化と呼びます．

ToFによる3次元計測は，光が照射してから返ってくるまでの時間を計測することで，光の速さと往復にかかった時間から奥行きを求める計測手法です．ToFは計測方式としてはDirect ToFとIndirect ToFに大別できます．Direct ToFは照射した光（この場合パルス波が用いられます）が物体に反射し返ってくるまでの時間を純粋に時間計測することで距離を求めます．後述のIndirect ToFと比較すると外乱光に強い傾向があり，室外での動作も可能な製品があります．Indirect ToFは時間方向に周期的なパターンで光を照射し，返ってきた光との位相差を求めることで，かかった時間を計算する手法です．Indirect ToFは比較的安価なセンサが多い反面，反射光の輝度を正確に読み取る必要があり，ワーキングディスタンス[注6]が短い・外乱光に弱い傾向があります．

ToFで利用する電磁波がレーザ光の場合はLaser Imaging Detection and Ranging (LiDAR)と呼ばれ，狭義のToFとして赤外光を用いる場合を指すことがあります．ミリ波の場合はRADAR (Radio Detection And Ranging)と呼ばれ，雨雲の計測や航空機の管制などに利用されています．光の速さを利用した距離計測全般を指す言葉としても，Light Detection and Rangingの略称としてLiDARという語が用いられる場合があります．

1.4 3次元センサの紹介

前節で説明があったとおり，3次元計測には複数の方法があります．本節では，執筆段階で入手可能なRGBDセンサを使っていくつかの対象物を撮影し，得られたデータを比較することによって，各計測方式の特徴を説明します．

1.4.1 データ比較に用いたセンサ

実験に使用したセンサは次の4つです．

- Intel Realsense D435（Intel）
- Intel Realsense D455（Intel）
- occipital Structure Core（Occipital）
- Azure Kinect（Microsoft）

それぞれのセンサのスペックは図1.1のとおりです．

注6 センサが想定している計測範囲をワーキングディスタンスと呼びます．これは光が到達し反射光が計測できる範囲や，レンズを用いる光学系の場合にはピントの合う範囲をもとに設定されます．

	D435	D455	Structure Core	Azure Kinect (NFOV)	Azure Kinect (WFOV)
	Depth カメラのスペック				
計測方式	アクティブステレオ	アクティブステレオ	アクティブステレオ	ToF	ToF
ベースライン長(mm)	50	95	75	−	−
解像度(W×H)	1280×720	1280×720	1280×800	640×576	1024×1024
水平・垂直画角(°)	87×58	87×58	59×46	75×65	120×120
フレームレート(FPS)	90	90	60	30	30
計測距離(m)	0.3−3.0	0.6−6.0	0.3−5.0	0.5−5.46	0.25−2.88
	Color カメラのスペック				
解像度(W×H)	1920×1080	1280×800	640×480	3840×2160(16:9 モード) 4096×3072(4:3 モード)	
水平・垂直画角(°)	69×42	90×65	85(対角)	90×59(4:3 モード) 90×74.3(16:9 モード)	
フレームレート(FPS)	30	30	100	30	
	その他				
サイズ W×H×D(mm)	90×25×25	124×29×26	109×24×18	103×39×126	
重量(g)	55	103	52.5	440	

図 1.1　RGBD センサのスペック

D435，D455，Structure Core はステレオ方式のセンサです．赤外光プロジェクタによって，固定パターンを環境に照射しつつ，2 眼のカメラを使って距離を計測します．赤外光プロジェクタは環境中に模様を付加しますので，一般的な 2 眼カメラのみで行うステレオ法では得られない，テクスチャがない領域からも距離を計測できる特徴があります．D435 と D455 はステレオ計測に使う 2 つのカメラ間の距離（ベースライン長）が異なります．一般的にベースラインが長いほど，計測距離の精度が高まりますが，視野の共通部分が小さくなることと，センサ本体のサイズが大きくなるというトレードオフがあります．

一方，Azure Kinect は ToF 方式のセンサです．照射した光が対象物の表面に反射して返ってくるまでの時間をもとに距離を計測します．ステレオ計測は，2 つのカメラの共通視野のみから距離を計測するため，片方のカメラからしか見えない領域の距離を計測できません．ToF は，単一の視点から距離を計測する同軸測距方式のため，ステレオ計測と比較して死角が少ないという利点があります．しかし，ToF 方式で壁のコーナー部分など，凸形状の奥の部分を計測するときは，照射した光が対象物の表面で複数回反射することによって光路長が伸びる，マルチパスと呼ばれる現象が起きます．これにより，計測距離に誤差を含むという問題点も抱えています．NFOV，WFOV はセンサの動作モードです．視野を Narrow, Wide のいずれかから選択できます．

いずれのセンサも距離計測用のカメラと異なる RGB カメラを備えているため，RGB 画像も同時に取得できます．

1.4.2 計測対象シーン

計測対象のシーンは，図 1.2 左のとおりです．さまざまな材質，明るい色から暗い色の物体を用意しました．黒いコンテナの上に左から順に，木材，透明プラスチック製のグラス，紙製のお菓子の箱，プラスチック製のマスタードのボトル，石こう像，アルミ製の缶，プラスチック製のピッチャ，紙製の円筒の容器を置きました．石こう像とアルミ製の缶以外は，YCB Benchmarks[10] と呼ばれる，3 次元認識・ロボティクス研究用途で広く使われているデータセットの対象物です．これらは対象物の 3 次元モデルのダウンロードや実際の物体の郵送を依頼することが可能[1]です．

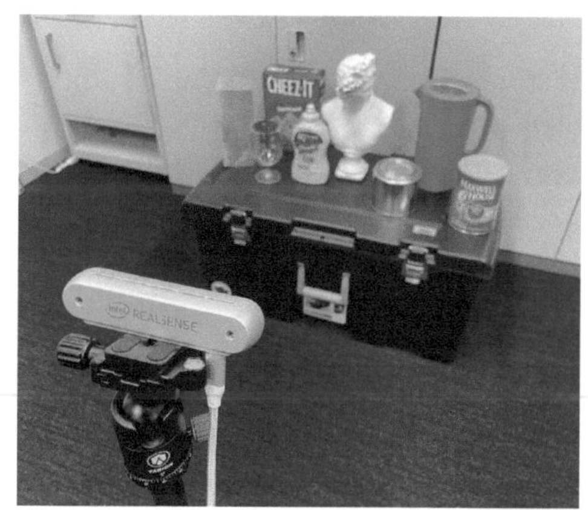

図 1.2　計測シーン

1.4.3 計測データの比較

センサと対象物の距離を約 1m のところに設置して計測しました（図 1.2 右）．

図 1.3 は，計測データを正面から観察した例です．計測された 3 次元点群データを D435, D455, Structure Core，Azure Kinect の順に並べています．Structure Core の点群はデフォルトでは色データが割り当てられていないので，計測距離に応じた着色によって表示されています．物体の輪郭部分に白い輪郭のようなものが見えるのは，その部分の点群が計測されていないことを表しています．このようにセンサから照射した光があたらない部分の距離が計測できないことは，すべてのセンサに共通です．D435 と D455 は物体を載せている黒いコンテナの大部分を計測できています．Structure Core は計測抜けが目立ち，Azure Kinect はほとんど計測できませんでした．

図 1.4 は，計測範囲の正面から右側をクローズアップしたものです．アルミ製の缶について

図 1.3　計測データ（正面）

は，D435 と D455 はやや歪んでいるものの計測できています．Structure Core は計測抜けがあります．Azure Kinect の場合はセンサと面の向きがセンサと正対する一部分のみ計測できました．青いピッチャについては D435 と D455 は取っ手の内部の空洞部分に面があるかのように計測されました．これは，計測結果を平滑化するフィルタリングの影響と考えられます．Structure Core と Azure Kinect は取っ手部分が良好に計測できています．Azure Kinect は同軸測距方式であることから，取っ手内部から覗いている後ろの壁も正確に計測できました．また，手前の円筒形状の容器は，Azure Kinect が最も正確に計測できています．

図 1.4　計測データ（右側をクローズアップ）

図 1.5 は，計測範囲の正面から左側をクローズアップしたものです．木材についてはいずれのセンサでも計測できましたが，D435 と D455 の計測データはやや歪んでいます．透明プラスチック製のグラスの形状はいずれのセンサでも計測できませんでした．歪んで計測できているように見えますが，これは RGB カメラで撮影できたグラスのテクスチャが後ろの点群に貼り付いているだけです．このような透明なプラスチック，ガラス，液面など，光を透過する物体の計測が困難なことは 3 次元センサの共通課題といえます．

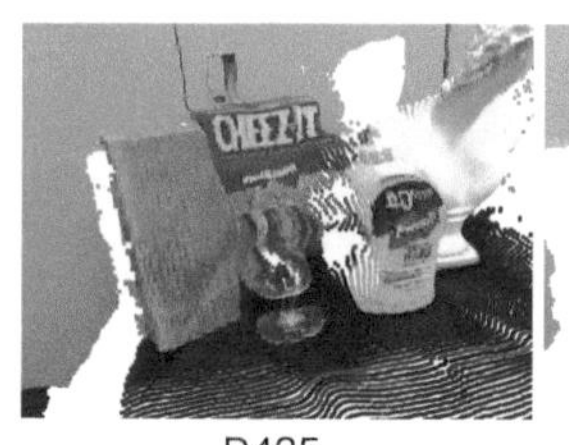

D435

D455

Structure Core

Azure Kinect

図 1.5　計測データ（左側をクローズアップ）

章末問題

問題 1.1

2 次元画像だけではできないけれど，3 次元データを取得することで，できるようになることには何があるでしょうか．具体例を挙げてください．

問題 1.2

線形分離可能性について考えましょう．まず，説明変数 $\mathbf{v}$ の次元数を 2（$\mathbf{v} = [x, y]^\top$），目的変数 t の次元数を 1 とした例を考えます．ある 4 点の説明変数をそれぞれ $\mathbf{v}_1 = [1, 0]^\top$，$\mathbf{v}_2 = [0, 1]^\top$，$\mathbf{v}_3 = [-1, 0]^\top$，$\mathbf{v}_4 = [0, -1]^\top$，目的変数を $t_1 = 0$，$t_2 = 1$，$t_3 = 1$，$t_4 = 0$ とします．これらの点を直線で分けることを考えたとき，例えば $y = x$ を境界とし，$y > x$ ならば $t = 1$，$y < x$ ならば $t = 0$ というルールで分離することが可能です．一方で，別の例として，4 点の説明変数をそれぞれ $\mathbf{v}_1 = [0, 0]^\top$，$\mathbf{v}_2 = [0, 1]^\top$，$\mathbf{v}_3 = [1, 0]^\top$，$\mathbf{v}_4 = [1, 1]^\top$，目的変数を $t_1 = 0$，$t_2 = 1$，$t_3 = 1$，$t_4 = 0$ とした場合，これらの点を分離可能な直線が存在しません．しかし，説明変数 $\mathbf{v}$ の次元数を 3（$\mathbf{v} = [x, y, z]^\top$）に増やした場合には，これらの点を分離可能な平面が存在します．そのような変数 z と分離平面の例を挙げてください．

問題 1.3

次元の呪い (Curse of Dimensionality) について調べ，簡潔に説明してください．

問題 1.4

スマートフォン，ロボット掃除機，自動車など，我々の身近には 3 次元センサが搭載された製品が増えています．これらに搭載されている 3 次元センサの計測原理を調べてみましょう．

問題 1.5

3 次元センサの計測原理である三角測量はこれまで大規模な地形計測に用いられてきました．このような計測においては，基準となる点が離れるほど計測精度が高くなることが知られています．3 次元センサについてもベースライン長（センサ間の距離）が離れるほど高精度な奥行きの計測が可能となります．この現象について，ベースラインが小さく／大きくなった場合に計測精度がどうなるかを考察してみましょう．

第2章

点群処理の基礎

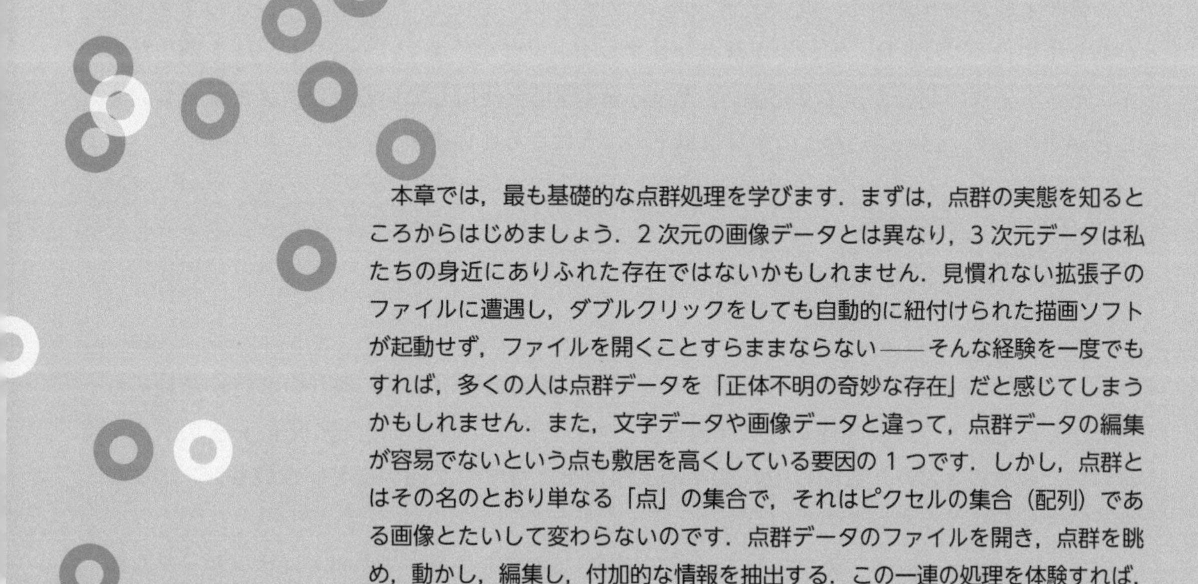

本章では，最も基礎的な点群処理を学びます．まずは，点群の実態を知るところからはじめましょう．2 次元の画像データとは異なり，3 次元データは私たちの身近にありふれた存在ではないかもしれません．見慣れない拡張子のファイルに遭遇し，ダブルクリックをしても自動的に紐付けられた描画ソフトが起動せず，ファイルを開くことすらままならない――そんな経験を一度でもすれば，多くの人は点群データを「正体不明の奇妙な存在」だと感じてしまうかもしれません．また，文字データや画像データと違って，点群データの編集が容易でないという点も敷居を高くしている要因の 1 つです．しかし，点群とはその名のとおり単なる「点」の集合で，それはピクセルの集合（配列）である画像とたいして変わらないのです．点群データのファイルを開き，点群を眺め，動かし，編集し，付加的な情報を抽出する．この一連の処理を体験すれば，誰もが点群をより身近に感じることができるでしょう．それでは，さっそくはじめましょう．

2.1 ファイル入出力

第 1 章で述べたとおり，本書ではオープンソースライブラリ Open3D を使用します．3dpcp_book_codes レポジトリの 3rdparty ディレクトリに Open3D ディレクトリがあることを確認しましょう．もし，3dpcp_book_codes レポジトリをクローンするときに--recursive オプションを入れた場合は，Open3D ディレクトリ以下にファイルが存在しているでしょう．しかし--recursive オプションを付けずに git clone を行った場合は Open3D ディレクトリの中身は空になっています．その場合は，下記のコマンドを実行して Open3D ディレクトリ以下にファイルをダウンロードします．

```
$ cd $YOURPATH/3dpcp_book_codes
$ git submodule update --init
```

これで，Open3D のプログラムソースファイルやサンプルデータがダウンロードされました．それでは，点群のサンプルデータを見てみましょう．まずは，サンプルデータのリストを確認します．

```
$ ls $YOURPATH/3dpcp_book_codes/3rdparty/Open3D/examples/test_data/
```

このディレクトリの中に，拡張子が.xyz のファイル，.ply のファイル，.pcd のファイルがありますね．これらは，どれも点群のサンプルデータです．まず，simple.xyz を適当なテキストエディタで開いてみてください．Windows 環境を使用している人は，メモ帳でも開くことができます．simple.xyz の中身は以下のようになっています．

```
0.0000000000 0.0000000000 0.0000000000
1.0000000000 0.0000000000 0.0000000000
0.0000000000 1.0000000000 0.0000000000
0.0000000000 0.0000000000 1.0000000000
```

これはわずか 4 個の点からなる点群データです．最初の行が原点，残りの 3 行がそれぞれ原点からの距離 1 の xyz 軸上の点の座標を表しています．このように，拡張子.xyz のファイルは（その名のとおり）点群の中の点の xyz 座標を 1 行ずつ記述するという最もシンプルなフォーマットになっています．

次に，fragment.pcd をテキストエディタで開いてみましょう．これはバイナリデータなので点群座標を人間が読むことはできません（文字化けをしているように見えるでしょう）．しかし，以下のヘッダ部は文字コードが ASCII コードになっているので読むことができます．

```
# .PCD v0.7 - Point Cloud Data file format
VERSION 0.7
FIELDS x y z rgb normal_x normal_y normal_z curvature
SIZE 4 4 4 4 4 4 4 4
TYPE F F F F F F F F
COUNT 1 1 1 1 1 1 1 1
WIDTH 113662
HEIGHT 1
VIEWPOINT 0 0 0 1 0 0 0
POINTS 113662
DATA binary
```

このヘッダ部から，ファイルフォーマットがPCDのバージョン0.7であることや，データがバイナリであること，点の数が113,662点であることなどがわかります．さらに，3行目からは各点が持つ情報（フィールド）として，xyz座標の他にRGBカラー値と法線ベクトル，そして曲率が存在することがわかります．このように，pcd形式で保存された点群は座標以外にもさまざまな属性を持つことができるのです．PCDは，点群処理のオープンソースライブラリPoint Cloud Library (PCL)[注1]の中で独自に開発されたフォーマットです．このため，他の有名な3次元フォーマットとは異なり，多くの3次元ビューワなどのアプリケーションで開くことができません．ただし，Open3Dで実装されているファイル入出力関数はPCDフォーマットをカバーしています．

次に，より一般的に知られるフォーマットであるPLYフォーマットを見てみましょう．bathtub_0154.plyをテキストエディタで開いてみてください．このファイルもデータ部はバイナリで書かれているため中身を読むことはできませんが，ヘッダ部は下記のとおり読むことができます．

```
ply
format binary_little_endian 1.0
comment VCGLIB generated
element vertex 1494
property float x
property float y
property float z
element face 1194
property list uchar int vertex_indices
end_header
```

ヘッダ4行目から，このデータの頂点 (vertex) の数が1494個であることがわかります．また，8行目から，このデータの面 (face) の数が1194個であることがわかります．PLYフォー

注1　https://pointclouds.org/

マットは Polygon（ポリゴン）フォーマットの略であり，頂点だけでなく，頂点をつなぐ面からもデータが構成されています．ただし，「点群データ」と呼ぶとき，それはあくまでも点の集合であって我々は面の存在を気にしませんので，fragment.ply のように，拡張子が.ply であっても面の情報が書かれていないデータもまれに存在します[注2]．

次に，Python で点群ファイルを読み込み，点群の座標を標準出力に出力するプログラムを作ってみましょう．サンプルコードを以下に載せます．

```
1   import sys
2   import struct
3
4   with open(sys.argv[1], 'rb') as f:
5       # ヘッダーの読み込み
6       while True:
7           line = f.readline()
8           print (line)
9           if b'end_header' in line:
10              break
11          if b'vertex ' in line:
12              vnum = int(line.split(b' ')[-1]) # 頂点の数
13          if b'face ' in line:
14              fnum = int(line.split(b' ')[-1]) # 面の数
15
16      # 頂点の読み込み
17      for i in range(vnum):
18          for j in range(3):
19              print (struct.unpack('f', f.read(4))[0], end=' ')
20          print ("")
21
22      # 面の読み込み
23      for i in range(fnum):
24          n = struct.unpack('B', f.read(1))[0]
25          for j in range(n):
26              print (struct.unpack('i', f.read(4))[0], end=' ')
27          print ("")
```

このサンプルコードは拡張子が.ply のファイルを読み込んで頂点の 3 次元座標と面を構成する頂点番号を出力します．サンプルコードの 6〜14 行目でヘッダ部を読み込み，頂点の数 vnum と面の数 fnum を取得します．データ部は前半に頂点の情報，後半に面の情報がバイナリで書かれていますので，17〜20 行目で頂点の情報を読み込みながら標準出力に出力し，23〜27 行目で面の情報を読み込みながら標準出力に出力しています．

3dpcp_book_codes レポジトリにサンプルコードが置いてありますので，実行してみま

注2　面のない PLY フォーマットのデータは，アプリケーションによっては入出力でエラーが生じることがあります．例えば Windows 8 以降で標準実装されている Microsoft 3D Builder では fragment.ply を開いてみることができませんでした．

しょう．

```
$ cd $YOURPATH/3dpcp_book_codes/section_basics
$ python sample_io.py \
../3rdparty/Open3D/examples/test_data/bathtub_0154.ply
```

これで bathtub_0154.ply の中身を見ることができました．

すでにお気づきかもしれませんが，このサンプルコードは引数で与えられるファイルがPLYフォーマットであることを暗に仮定しています．このため，例えばこのプログラムの引数に fragment.pcd をわたすとおかしな挙動になります．真面目にやるならフォーマットごとに異なる入出力関数を用意し，読み込むファイル名の拡張子によって場合分けすることで，フォーマットに応じた入出力関数を適切に呼び出す必要があります．このような入出力プログラムのコードを自分で書くのは億劫(おっくう)です．次節からは Open3D で実装されているファイル入出力関数を使用することにしましょう．

2.2 描画

2.1 節ではサンプルコードで点群データの中身を出力してみましたが，このような数値の羅列から点群データの表す姿を想像するのは，人間にとっては困難なことでしょう．そこで，点群データを描画してみることが望まれます．最近のパソコン，例えば Windows 8.1 以降のバージョンの Windows OS では Microsoft 3D Builder という 3 次元描画ソフトが標準実装されており，PLY フォーマットなどのさまざまなフォーマットのファイルをダブルクリックするだけで描画できます．他にもさまざまな無料の 3 次元描画ソフトが存在します．例えば MeshLab[注3]は有名なオープンソースソフトウェアで，Windows，macOS，Linux とあらゆる OS で使用できます．bathtub_0154.ply を Microsoft 3D Builder と MeshLab で描画した画面のキャプチャを図 2.1 に示します．とてもシンプルなバスタブが表示されていますね．

注3 https://www.meshlab.net/

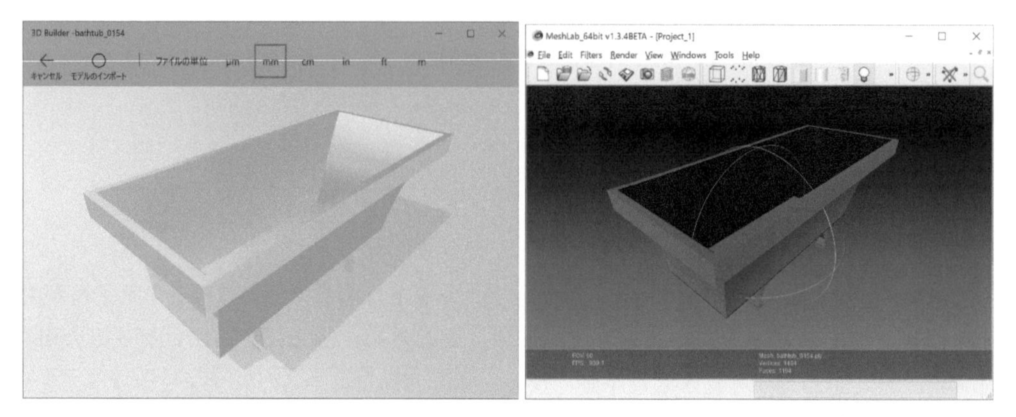

図 2.1　bathtub_0154.ply の描画例．（左）Microsoft 3D Builder，（右）MeshLab

次に，Open3D の関数を使って点群データを表示させましょう．サンプルコードを以下に載せます．

```
1   import sys
2   import numpy as np
3   import open3d as o3d
4
5   filename = sys.argv[1]
6
7   print("Loading a point cloud from", filename)
8   pcd = o3d.io.read_point_cloud(filename)
9
10  print(pcd)
11  print(np.asarray(pcd.points))
12
13  o3d.visualization.draw_geometries([pcd])
```

8 行目でファイルから点群データを読み込み，13 行目で描画します．下記のコマンドを実行してみましょう．

```
$ cd $YOURPATH/3dpcp_book_codes/section_basics
$ python o3d_visualize_points.py \
../3rdparty/Open3D/examples/test_data/bathtub_0154.ply
```

こうすると，図 2.2 左のような点群データが表示されるでしょう．さきほどとは様子が異なりますね．実は，bathtub_0154.ply はメッシュデータですから，点と面で 3 次元形状が構成されています．Microsoft 3D Builder と MeshLab は（デフォルト設定では）メッシュデータを表示するので，面がきれいに描画されていました．一方，Open3D の描画関数はあくまでも「点群」を描画する関数なので面の情報を無視します．そうして，バスタブの頂点だけが点々

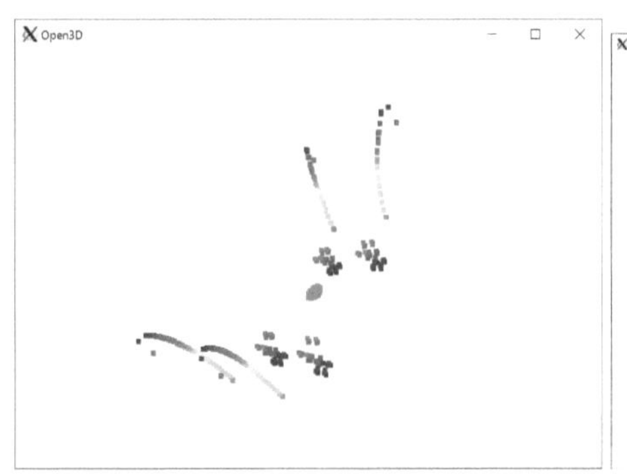
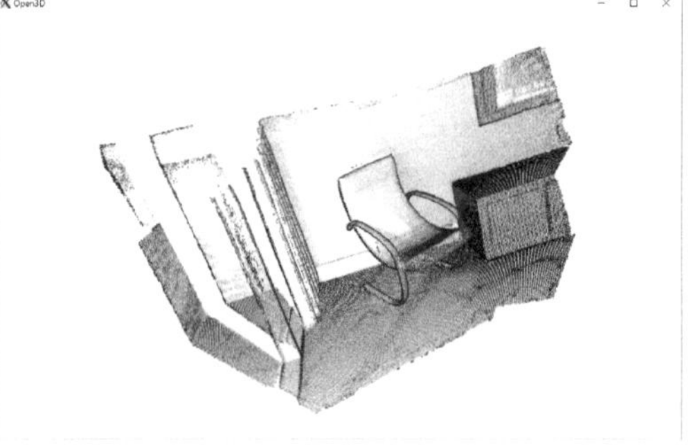

図 2.2 Open3D を用いた描画例．（左）bathtub_0154.ply，（右）fragment.ply

と表示されるのです．もし，バスタブをメッシュデータとして読み込んで表示させたければ，8 行目で関数 read_point_cloud() の代わりに read_triangle_mesh() を使いましょう．

次に，fragment.ply を表示させてみましょう．

```
$ cd $YOURPATH/3dpcp_book_codes/section_basics
$ python o3d_visualize_points.py \
../3rdparty/Open3D/examples/test_data/fragment.ply
```

こうすると，図 2.2 右のような点群データが表示されるでしょう．今度はどうでしょうか．このデータも点群データには変わりませんが，頂点ではなく，物体の表面上の点が密に存在しているため，形状がわかりやすくなっています．また，こちらのデータは各点が RGB それぞれの色の値を持っているため，（デフォルトの設定では）カラーで表示されています．このような点群データは 1.4 節で紹介した RGBD センサを用いて取得できます．あるいは，単眼カメラのみを用いる場合でも，カメラの動きを利用した Structure from Motion (SfM) 法や深層学習を用いた深度推定法を用いることでこのような色付きの点群データを得ることができます．

2.3 回転・並進・スケール変換

2.2 節では点群データを描画する方法について述べました．多くの描画ソフトは，マウス入力で点群データを回転させてみることができます．例えば，MeshLab あるいは Open3D の描画プログラムを用いた場合，マウスを点群データの上でドラッグすると点群データが回転します．また，マウスホイールを動かすと点群データが大きくなったり小さくなったりします．これは，点群データの中心に視線を向けつつ，点群データに対する我々の視点が移動しているととらえることができますし，あるいは，点群データ自体が回転したり拡大・縮小したりしているともとらえることができます．本節では後者の見方を採用し，点群データに対する回転・並進・スケール変換の処理を学びましょう．

2.3.1 3次元空間の回転行列

まずは簡単な 2 次元空間での回転を考えましょう．xy 空間上のある点 (x_1, y_1) を，原点を中心に角度 θ で回転させた場合の，移動先の点の座標 (x_2, y_2) を求めます．座標 (x_2, y_2) を (x_1, y_1) と θ の計算式で表す方法の導出にはさまざまなものがありますが，ここでは，三角関数の加法定理を用いた導出を紹介します．座標 (x_1, y_1) の極座標表示を $(x_1, y_1) = (r\cos\alpha, r\sin\alpha)$ とおけば，$(x_2, y_2) = (r\cos(\alpha+\theta), r\sin(\alpha+\theta))$ となります．加法定理により，次式が成立します．

$$x_2 = r\cos\alpha\cos\theta - r\sin\alpha\sin\theta = \cos\theta\cdot x_1 - \sin\theta\cdot y_1 \tag{2.1}$$

$$y_2 = r\sin\alpha\cos\theta + r\cos\alpha\sin\theta = \cos\theta\cdot y_1 + \sin\theta\cdot x_1 \tag{2.2}$$

これらの式を行列とベクトルの掛け算を用いて書けば，次式となります．

$$\begin{bmatrix} x_2 \\ y_2 \end{bmatrix} = \begin{bmatrix} \cos\theta & -\sin\theta \\ \sin\theta & \cos\theta \end{bmatrix} \begin{bmatrix} x_1 \\ y_1 \end{bmatrix} \tag{2.3}$$

ここで，点の座標 $(x_1, y_1), (x_2, y_2)$ をそれぞれベクトル $\mathbf{x}_1, \mathbf{x}_2 \in \mathbb{R}^2$ で表し，$R = \begin{bmatrix} \cos\theta & -\sin\theta \\ \sin\theta & \cos\theta \end{bmatrix}$ とおけば，$\mathbf{x}_2 = R\mathbf{x}_1$ ということになります．このように，回転を表す行列 R を回転行列と呼びます．

次に，スケール変換を見てみましょう．x 軸方向に s_x 倍，y 軸方向に s_y 倍のスケール変換を加えた場合，元の点 (x_1, y_1) と変換後の点 (x_2, y_2) の関係は下記になります．

$$x_2 = s_x x_1 \tag{2.4}$$

$$y_2 = s_y y_1 \tag{2.5}$$

これらの式を行列とベクトルの掛け算を用いて書けば，次式となります．

$$\begin{bmatrix} x_2 \\ y_2 \end{bmatrix} = \begin{bmatrix} s_x & 0 \\ 0 & s_y \end{bmatrix} \begin{bmatrix} x_1 \\ y_1 \end{bmatrix} \tag{2.6}$$

ここで，スケール変換を表す行列を $S = \begin{bmatrix} s_x & 0 \\ 0 & s_y \end{bmatrix}$ とおきます．ただし，多くの場合は軸によらず等方なスケール変換を扱います．その場合は，$s_x = s_y = s$ とおくことができますから，$S = sI$（I は単位行列）となります．

さらに，並進を考えましょう．簡単のため，ここではスケール変換を考えません（つまり，$s=1$ とします）．ある点 (x_1, y_1) を角度 θ で回転させた後，x 軸方向に t_x，y 軸方向に t_y の並進移動を加えた場合，行列とベクトルを用いて書けば，変換後の点 (x_2, y_2) は下記になります．

$$\begin{bmatrix} x_2 \\ y_2 \end{bmatrix} = \begin{bmatrix} \cos\theta & -\sin\theta \\ \sin\theta & \cos\theta \end{bmatrix} \begin{bmatrix} x_1 \\ y_1 \end{bmatrix} + \begin{bmatrix} t_x \\ t_y \end{bmatrix} \tag{2.7}$$

ここで，$\mathbf{t} = \begin{bmatrix} t_x \\ t_y \end{bmatrix}$ を並進ベクトルと呼びます．つまり，$\mathbf{x}_2 = R\mathbf{x}_1 + \mathbf{t}$ が成立するわけですが，この式は線形変換です．すなわち，次式のとおり，行列の掛け算のみで表現することが可能です．

$$\begin{bmatrix} x_2 \\ y_2 \\ 1 \end{bmatrix} = \begin{bmatrix} \cos\theta & -\sin\theta & t_x \\ \sin\theta & \cos\theta & t_y \\ 0 & 0 & 1 \end{bmatrix} \begin{bmatrix} x_1 \\ y_1 \\ 1 \end{bmatrix} \tag{2.8}$$

このような行列表現を同次変換行列 (Homogeneous Transformation Matrix) と呼びます．なお，スケール変換を加える場合は，この行列の上段 2 行のすべての要素に s を乗算すればよいでしょう．

さて，いよいよ 3 次元空間における回転・並進・スケール変換を考えましょう．2 次元空間では，原点を中心とする回転を考えました．これに対して，3 次元空間では軸を中心とする回転を扱います．まず，z 軸まわりの回転を考えます．この場合，回転後の点の z 座標は回転前と変わらず，また，xy 座標に関しては先に見た 2 次元平面上の回転と同じ変換になります．変換前の点の座標を $\mathbf{x}_1 = (x_1, y_1, z_1)$，変換後の点の座標を $\mathbf{x}_2 = (x_2, y_2, z_2)$ とおくと，次式が成り立ちます．

$$\begin{bmatrix} x_2 \\ y_2 \\ z_2 \end{bmatrix} = \begin{bmatrix} \cos\theta & -\sin\theta & 0 \\ \sin\theta & \cos\theta & 0 \\ 0 & 0 & 1 \end{bmatrix} \begin{bmatrix} x_1 \\ y_1 \\ z_1 \end{bmatrix} \tag{2.9}$$

ここで，x 軸，y 軸，z 軸まわりの回転行列をそれぞれ R_x，R_y，R_z で表します．x 軸および y 軸まわりの回転は，上記 z 軸まわりの回転に対して，軸の入れ替えのみで求めることができます．すなわち，回転角を θ とすると，R_x，R_y，R_z は次式になります．

$$R_x = \begin{bmatrix} 1 & 0 & 0 \\ 0 & \cos\theta & -\sin\theta \\ 0 & \sin\theta & \cos\theta \end{bmatrix}, R_y = \begin{bmatrix} \cos\theta & 0 & \sin\theta \\ 0 & 1 & 0 \\ -\sin\theta & 0 & \cos\theta \end{bmatrix}, R_z = \begin{bmatrix} \cos\theta & -\sin\theta & 0 \\ \sin\theta & \cos\theta & 0 \\ 0 & 0 & 1 \end{bmatrix} \tag{2.10}$$

さて，座標軸まわりの回転行列はこれでわかりましたが，座標軸以外の軸を回転軸とした場合の回転はどのようになるでしょうか．実は，「3 次元空間の任意の回転はある回転軸まわり

のある回転角 θ の回転で表すことができる」という事実が，オイラーの定理という名で知られています．厳密な証明はさておき，オイラーの定理は以下の直感的な説明で理解できます．

3 次元空間の任意の回転とは，単位球上の任意の 2 点である点 A と点 B を考えたとき，点 A を点 B の位置に移動させる回転であるとします．このとき，線分 AB の中点を C とすると，C と球の原点 O を通る直線が存在します．この直線を回転軸として A を回転させた先の点は，C からの距離が AC であり，かつ O からの距離が 1 の点となります．BC=AC であることから，ある回転角において A の移動先を B に一致させることができます．

回転軸方向の単位ベクトルを $\mathbf{n} = \begin{bmatrix} n_x \\ n_y \\ n_z \end{bmatrix}$ とおくと，ロドリゲスの回転公式により次式が成立します．

$$\begin{aligned} \mathbf{x}_2 &= \mathbf{x}_1 \cos\theta + (1-\cos\theta)(\mathbf{x}_1 \cdot \mathbf{n})\mathbf{n} + (\mathbf{n} \times \mathbf{x}_1)\sin\theta \\ &= \{\cos\theta I + (1-\cos\theta)\mathbf{n}\mathbf{n}^\top + \sin\theta[\mathbf{n}]_\times\}\mathbf{x}_1 \end{aligned} \tag{2.11}$$

ただし，ベクトル射影に関する式 $(\mathbf{x}_1 \cdot \mathbf{n})\mathbf{n} = \mathbf{n}^\top\mathbf{n}\mathbf{x}_1$ を用いました．また，$[\mathbf{n}]_\times = \begin{bmatrix} 0 & -n_z & n_y \\ n_z & 0 & -n_x \\ -n_y & n_x & 0 \end{bmatrix}$ はベクトル積を行列で表現したものであり，$\mathbf{n} \times \mathbf{x}_1 = [\mathbf{n}]_\times \mathbf{x}_1$ です．以上により，任意の回転軸 $\mathbf{n}$ まわりの回転行列 R_n は次式により得られます．

$$\begin{aligned} R_n &= \cos\theta \begin{bmatrix} 1 & 0 & 0 \\ 0 & 1 & 0 \\ 0 & 0 & 1 \end{bmatrix} + (1-\cos\theta) \begin{bmatrix} n_x^2 & n_x n_y & n_x n_z \\ n_x n_y & n_y^2 & n_y n_z \\ n_x n_z & n_y n_z & n_z^2 \end{bmatrix} + \sin\theta \begin{bmatrix} 0 & -n_z & n_y \\ n_z & 0 & -n_x \\ -n_y & n_x & 0 \end{bmatrix} \\ &= \begin{bmatrix} n_x^2(1-\cos\theta)+\cos\theta & n_x n_y(1-\cos\theta) - n_z\sin\theta & n_x n_z(1-\cos\theta) + n_y\sin\theta \\ n_x n_y(1-\cos\theta) + n_z\sin\theta & n_y^2(1-\cos\theta)+\cos\theta & n_y n_z(1-\cos\theta) - n_x\sin\theta \\ n_x n_z(1-\cos\theta) - n_y\sin\theta & n_y n_z(1-\cos\theta) + n_x\sin\theta & n_z^2(1-\cos\theta)+\cos\theta \end{bmatrix} \end{aligned} \tag{2.12}$$

回転行列 R_n を構成する変数は，n_x, n_y, n_z, θ の 4 つであり，ただし $n_x^2 + n_y^2 + n_z^2 = 1$ という制約があるため，自由度は 3 です．なお，式 (2.12) に $\mathbf{n} = [1,0,0]^\top$，$\mathbf{n} = [0,1,0]^\top$，$\mathbf{n} = [0,0,1]^\top$ をそれぞれ代入すると，式 (2.10) が得られることがわかります．

回転行列 R_n を構成する 3 つのベクトルは正規直交系です．すなわち，3 つのベクトルのうち任意の 2 つの内積が 0 になり（直交），各ベクトルの自分自身との内積が 1 になります．このことから，次式が成立します．

$$R_n^\top R_n = R_n R_n^\top = I \tag{2.13}$$

すなわち，$R_n^\top = R_n^{-1}$，つまり R_n の転置行列は R_n の逆行列でもあるといえます．さらに，$R_n^\top (= R_n^{-1})$ もまた正規直交行列であることから，これもまた回転行列であることがわかります．$R_n^\top (= R_n^{-1})$ は，実は R_n の逆回転を表しています．このことは，任意のベクトルに左から R_n を掛けて回転させた後に $R_n^\top (= R_n^{-1})$ を掛ければ元のベクトルに戻るという事実からも明らかです．

2 次元世界の場合と同様に，3 次元の回転だけでなく並進も考えるときは，任意の同次座標で記述された 3 次元点に対して回転行列 $R_n \in \mathbb{R}^{3\times3}$ と並進ベクトル $\mathbf{t} \in \mathbb{R}^3$ からなる同次変換行列 $\begin{bmatrix} R_n & \mathbf{t} \\ \mathbf{0}^\top & 1 \end{bmatrix} \in \mathbb{R}^{4\times4}$ を左から掛ける操作で表すことができます．

2.3.2 オイラー角

2.3.1 節では 3 次元空間の回転を表す 3×3 の大きさの行列について学びました．また，この行列の要素の数は $3\times3=9$ であるものの，回転を表すためのさまざまな制約があることから，自由度が 3 であることについても述べました．つまり，回転行列は回転という操作を表す冗長な表現の一種です．よりコンパクトな表現方法として，3 次元の回転は，3 つの回転角を表すパラメータの組み合わせで一意に表現できます．それがオイラー角と呼ばれる表現方法です．

オイラー角について学ぶ前に，ロール (roll)，ピッチ (pitch)，ヨー (yaw) について説明しましょう．回転させたい物体を 1 つイメージしてください．例えば，自身の頭部をイメージすれば方向の感覚がつかみやすいと思います．物体の前後を x 軸，左右を y 軸，上下を z 軸とすれば，ロール，ピッチ，ヨーは，それぞれ x, y, z 軸まわりの回転を指します．これらの回転のイメージを図 2.3 に示します．ロールは首を傾げる動き，ピッチは首を縦に振る動き，ヨーは首を横に振る動きに相当します．さて，2.3.1 節では「3 次元空間の任意の回転はある回転軸まわりのある回転角 θ の回転で表すことができる」というオイラーの定理について触れまし

図 2.3　ロール，ピッチ，ヨーの覚え方

たが，ここでは 3 次元回転のもう 1 つの性質について考えてみます．それは，「3 次元空間の任意の回転は異なる座標軸まわりの回転 3 つの組み合わせで表すことができる」というものです．厳密な証明はさておき，直感的な説明をしましょう．あなたの目の前に鉛筆を置き，好きな方向へ鉛筆を傾けてください．まず，首を傾げる動作のみを行って鉛筆の先が真上に見えるように頭を回転させましょう．次に，首を縦に振る動作のみを行って，自分の頭頂の先を，鉛筆の先の方向と平行になるようにしましょう．以上の動作は，ロールとピッチを順々に行う回転であり，これらの動作によって任意の鉛筆の方向に頭の傾き（z 軸）を合わせることが可能です[注4]．最後に，首を横に振る動作（ヨー）を行います．これらの一連の動作は，とある鉛筆の向き（任意の方向）を回転軸とした回転を行う操作に一致するため，オイラーの定理により，頭部という物体の任意の回転を表現することが可能であることがわかります．

以上の操作を回転行列で表してみましょう．ここで，絶対座標系（ワールド座標系）と相対座標系（ローカル座標系）に意識を向けます．上述の例は，回転する物体（頭部）に固定された相対座標系でのロール・ピッチ・ヨーを考えました．相対座標系の x, y, z 軸まわりの角度 α, β, γ の回転行列をそれぞれ $R^l_x(\alpha), R^l_y(\beta), R^l_z(\gamma)$ とおくと，上述の回転の回転行列は $R^l_z(\gamma)R^l_y(\beta)R^l_x(\alpha)$ となります．ところで，相対座標系の各軸まわりの回転は，絶対座標系の各軸まわりの回転の逆回転に一致します．すなわち，絶対座標系の x, y, z 軸まわりの角度 α, β, γ の回転行列をそれぞれ $R_x(\alpha), R_y(\beta), R_z(\gamma)$ とおくと，次式が成立します．

$$R^l_x(\alpha) = R_x(-\alpha) = R_x(\alpha)^\top \tag{2.14}$$

y，z についても同様です．以上により，上述の例の回転の回転行列 R を絶対座標系の各軸まわりの回転の組み合わせで記述すると，次式になります．

$$R = (R^l_z(\gamma)R^l_y(\beta)R^l_x(\alpha))^\top = (R_z(\gamma)^\top R_y(\beta)^\top R_x(\alpha)^\top)^\top = R_x(\alpha)R_y(\beta)R_z(\gamma) \tag{2.15}$$

さて，ロール，ピッチ，ヨーを指定することで任意の回転が表現可能であることを説明しましたが，この表現にはあいまいさが残っています．なぜならば，ロール，ピッチ，ヨーによる回転は，全 3 回の回転の順序が重要であり，すなわち，これらの回転の順序を入れ替えるとまったく別の回転となってしまうからです．このことは，式 (2.15)，および一般に行列を掛ける順序を入れ替えると結果が異なるという事実から明らかです．そこで，オイラー角の出番です．前述のような 3 段階の回転における，各軸まわりの回転角（α, β, γ）をオイラー角と呼びます．ロール・ピッチ・ヨーに似た概念ですが，これらは単に座標軸まわりの独立した回転角を指すのに対し，オイラー角は 1 段階目，2 段階目，3 段階目の回転における回転角を指します．前述の例の回転操作を，改めて言葉にすると下記のとおりになります．

注4　ロールとピッチの回転を行う順序は逆でもかまいません．

1. xyz 座標系を x 軸まわりに角度 α 回転させた座標系を $x'y'z'$ 座標系とする.
2. $x'y'z'$ 座標系を y' 軸まわりに角度 β 回転させた座標系を $x''y''z''$ 座標系とする.
3. $x''y''z''$ 座標系を z'' 軸まわりに角度 γ 回転させる.

また，同じ回転を絶対座標系の回転操作で記述すると下記になります.

1. xyz 座標系を z 軸まわりに角度 γ 回転させる.
2. 回転後の座標系を y 軸まわりに角度 β 回転させる.
3. 回転後の座標系を x 軸まわりに角度 α 回転させる.

オイラー角から回転行列への変換式は，式 (2.15) に式 (2.10) を代入すれば次式のとおりに得られます.

$$R = \begin{bmatrix} \cos\beta\cos\gamma & -\cos\beta\sin\gamma & \sin\beta \\ \cos\alpha\sin\gamma + \sin\alpha\sin\beta\cos\gamma & \cos\alpha\cos\gamma - \sin\alpha\sin\beta\sin\gamma & -\sin\alpha\cos\beta \\ \sin\alpha\sin\gamma - \cos\alpha\sin\beta\cos\gamma & \sin\alpha\cos\gamma + \cos\alpha\sin\beta\sin\gamma & \cos\alpha\cos\beta \end{bmatrix} \tag{2.16}$$

逆に，回転行列の各要素（(i,j) 番目の要素を r_{ij} とする）が得られた場合，そこからオイラー角を求めることも可能です．まず，式 (2.16) の $(1,3)$ 番目の要素に着目すると $r_{13} = \sin\beta$ であることから，

$$\beta = \sin^{-1} r_{13}, \quad 0 \leq \beta \leq \pi \tag{2.17}$$

となります．そして $\beta \neq \frac{\pi}{2}$ のとき，α と γ は次式から求まります.

$$\alpha = \sin^{-1}\left(-\frac{r_{23}}{\cos\beta}\right) = \cos^{-1}\left(\frac{r_{33}}{\cos\beta}\right), \quad 0 \leq \alpha < 2\pi \tag{2.18}$$

$$\gamma = \cos^{-1}\left(\frac{r_{11}}{\cos\beta}\right) = \sin^{-1}\left(-\frac{r_{12}}{\cos\beta}\right), \quad 0 \leq \gamma < 2\pi \tag{2.19}$$

一方，$\beta = \frac{\pi}{2}$ のときは α と γ が一意に求まらず，解が不定となります．解が不定となる点 $(\beta = \frac{\pi}{2})$ は特異点と呼ばれており，一般的に特異点付近は解が不安定になるという問題が生じます．この現象はジンバルロックという名で知られています．なお，$\beta = \frac{\pi}{2}$ のとき式 (2.16) は下記になります.

$$\begin{aligned} R &= \begin{bmatrix} 0 & 0 & 1 \\ \cos\alpha\sin\gamma + \sin\alpha\cos\gamma & \cos\alpha\cos\gamma - \sin\alpha\sin\gamma & 0 \\ \sin\alpha\sin\gamma - \cos\alpha\cos\gamma & \sin\alpha\cos\gamma + \cos\alpha\sin\gamma & 0 \end{bmatrix} \\ &= \begin{bmatrix} 0 & 0 & 1 \\ \sin(\alpha+\gamma) & \cos(\alpha+\gamma) & 0 \\ -\cos(\alpha+\gamma) & \sin(\alpha+\gamma) & 0 \end{bmatrix} \end{aligned} \tag{2.20}$$

すなわち，$\alpha+\gamma$ の値は一意に求めることができます．

なお，回転軸とする座標軸の順序と組み合わせには任意性があります．実は，xyz 軸のすべてを使う必要はなく，これらのうちの異なる 2 軸の組み合わせとすることも可能です．上記の例は，x 軸，y 軸，z 軸の順に回転させるため xyz 系のオイラー角と呼ばれます．xyz の他にも，xzy，yxz，yzx，zxy，zyx，xyx，xzx，yxy，yzy，zxz，zyz の全 12 通りの系が存在します[注5]．なお，文献やライブラリによって採用される系が異なるため，注意が必要です．

2.3.3 四元数（クォータニオン）

2.3.1 節では回転行列を，2.3.2 節ではオイラー角を紹介しました．回転行列は行列の掛け算というとてもわかりやすい線形変換を扱っており，直感的にも理解しやすい一方で，自由度 3 に対して要素数 9 という冗長な表現になっています．これに対し，オイラー角は 3 変数のみでむだなく一意に回転を定義できる一方で，特異点においては解が一意に定まらず，その近傍も解が不安定になるという問題がありました．本節では，3 次元回転を表すもう 1 つの表現である四元数（クォータニオン，Quaternion）を紹介します．四元数は 4 変数で回転を表すことができるためむだが少ない上に，回転行列と同様に四元数同士の演算が容易であり，かつジンバルロックのような問題が生じません．さらに，ある回転から別の回転への連続的な変化を考える場合の補間を計算できるため，CG アニメーションなどでよく活用されます．

四元数は複素数の拡張です．角度 θ の 2 次元回転は複素数を用いて $\cos\theta+i\sin\theta\ (=e^{i\theta})$ で表すことができました．3 次元の回転を扱うため，四元数 q は 3 つの虚数単位 i,j,k を用いて次式のように表現します．

$$q=q_0+q_1i+q_2j+q_3k \tag{2.21}$$

ただし q_0,q_1,q_2,q_3 は実数です．最初の項 q_0 をスカラ部，残りをベクトル部と区別して呼ぶこともあります．なお，3 つの虚数単位は以下の性質を持ちます．

$$i^2=-1,\quad j^2=-1,\quad k^2=-1 \tag{2.22}$$

$$ij=k,\quad jk=i,\quad ki=j,\quad ji=-k,\quad kj=-i,\quad ik=-j \tag{2.23}$$

これらの性質を用いれば，2 つの四元数 $q=q_0+q_1i+q_2j+q_3k$ と $q'=q'_0+q'_1i+q'_2j+q'_3k$ の乗算が次式で求まります．

$$\begin{aligned}qq'=&(q_0q'_0-q_1q'_1-q_2q'_2-q_3q'_3)+(q_0q'_1+q_1q'_0+q_2q'_3-q_3q'_2)i+\\&(q_0q'_2+q_2q'_0+q_3q'_1-q_1q'_3)j+(q_0q'_3+q_3q'_0+q_1q'_2-q_2q'_1)k\end{aligned} \tag{2.24}$$

注5　回転前の座標系でのオイラー角に加えて，回転後の座標系で軸を取り直す場合もあり，その場合にはオイラー角の系のパターン数が合計 24 通りになります．

この式は少し煩雑で直感的に理解しにくいかもしれませんが，虚部をベクトルとしてとらえればもう少しすっきりします．まず，ベクトル $\mathbf{v} = [q_1, q_2, q_3]^\top = q_1 i + q_2 j + q_3 k$, $\mathbf{v}' = [q'_1, q'_2, q'_3]^\top = q'_1 i + q'_2 j + q'_3 k$ と定義します．つまり，$q = q_0 + \mathbf{v}$，$q' = q'_0 + \mathbf{v}'$ となります．この表記を用いれば，式 (2.24) は次式のとおり書き換えられます．

$$
\begin{aligned}
qq' &= q_0 q'_0 - (q_1 q'_1 + q_2 q'_2 + q_3 q'_3) + q_0(q'_1 i + q'_2 j + q'_3 k) + q'_0(q_1 i + q_2 j + q_3 k) \\
&\quad + (q_2 q'_3 - q_3 q'_2)i + (q_3 q'_1 - q_1 q'_3)j + (q_1 q'_2 - q_2 q'_1)k \\
&= q_0 q'_0 - \mathbf{v} \cdot \mathbf{v}' + q_0 \mathbf{v}' + q'_0 \mathbf{v} + \mathbf{v} \times \mathbf{v}'
\end{aligned}
\tag{2.25}
$$

また，四元数同士の積は，行列とベクトルの積として書き直すことができます．q の成分から作った 4×4 行列を Q，q' の 4 つの成分で構成されるベクトルを $\mathbf{q}' = [q'_0, q'_1, q'_2, q'_3]^\top$ とすると，次のとおりです．

$$
qq' = Q\mathbf{q}' = \begin{pmatrix} q_0 & -q_1 & -q_2 & -q_3 \\ q_1 & q_0 & -q_3 & q_2 \\ q_2 & q_3 & q_0 & -q_1 \\ q_3 & -q_2 & q_1 & q_0 \end{pmatrix} \mathbf{q}' \tag{2.26}
$$

また，四元数の順が入れ替わった積の場合は，Q の右下 3×3 部分行列を転置した行列 $\bar{Q}$ を使って次のように表せます．

$$
q'q = \bar{Q}\mathbf{q}' = \begin{pmatrix} q_0 & -q_1 & -q_2 & -q_3 \\ q_1 & q_0 & q_3 & -q_2 \\ q_2 & -q_3 & q_0 & q_1 \\ q_3 & q_2 & -q_1 & q_0 \end{pmatrix} \mathbf{q}' \tag{2.27}
$$

なお，共役複素数と同様に，虚部をマイナスにしたものを共役四元数と呼びます．すなわち，四元数 q の共役四元数は $q^\dagger = q_0 - \mathbf{v}$ と定義されます．四元数 q に関して $qq^\dagger = q_0^2 + q_1^2 + q_2^2 + q_3^2 = |q|^2$（ノルムの 2 乗）となります．

ここまでが四元数の基本的な性質の説明です．ここからは回転を表す四元数の性質について紹介します．回転を表す四元数はノルムが 1 である単位四元数になっています．ある単位四元数 q の係数には次式が成立します．

$$
q_0^2 + q_1^2 + q_2^2 + q_3^2 = 1 \tag{2.28}
$$

つまり，回転を表す四元数は変数が 4 つと制約式が 1 つ存在するため自由度が 3 になります．ここで，とある単位ベクトル $\mathbf{n}$ と，とある回転角を表す変数 θ を導入します．これらを用いて回転の四元数 q を次式で定義します．

$$q = \cos\frac{\theta}{2} + \mathbf{n}\sin\frac{\theta}{2} \tag{2.29}$$

任意の $\mathbf{n}$ と θ について式 (2.28) が成立することから，q は単位四元数です．この q を用いると，任意の 3 次元点 $\mathbf{x}$ に対して，回転軸 $\mathbf{n}$ まわりに角度 θ 回転させた場合の点の座標 $\mathbf{x}'$ が（非常にシンプルな）次式で求まります．

$$\mathbf{x}' = q\mathbf{x}q^\dagger \tag{2.30}$$

証明は省略しますが，この式に式 (2.29) を代入して展開するとロドリゲスの回転公式に一致することからも，この事実の正しさを示すことができます．そして，$q^\dagger$ は同じ回転軸まわりの角度 $-\theta$ の回転，つまり q の逆回転を表すということもわかります．なお，単位四元数から，3×3 回転行列への変換は次のとおりです．

$$R = \begin{bmatrix} q_0^2 + q_1^2 - q_2^2 - q_3^2 & 2(q_1q_2 - q_0q_3) & 2(q_1q_3 + q_0q_2) \\ 2(q_1q_2 + q_0q_3) & q_0^2 + q_2^2 - q_1^2 - q_3^2 & 2(q_2q_3 - q_0q_1) \\ 2(q_1q_3 - q_0q_2) & 2(q_2q_3 + q_0q_1) & q_0^2 + q_3^2 - q_1^2 - q_2^2 \end{bmatrix} \tag{2.31}$$

さて，以上の説明から四元数が回転を「美しく」表現できるということが何となくわかったのではないでしょうか．では，実際に使う上で四元数はどのような点が便利なのでしょうか．まず，（回転行列のときと同様に）回転の合成が容易である点が挙げられます．ある点 $\mathbf{x}$ を四元数 q_1 で回転した後に q_2 で回転した場合の点座標 $\mathbf{x}'$ は次式で求まります．

$$\mathbf{x}' = q_2(q_1\mathbf{x}q_1^\dagger)q_2^\dagger = (q_2q_1)\mathbf{x}(q_1^\dagger q_2^\dagger) = (q_2q_1)\mathbf{x}(q_2q_1)^\dagger \tag{2.32}$$

つまり，この 2 回の連続した回転は四元数 q_2q_1 による一度の回転に一致します．

そして，四元数を使う最大の利点は回転の「球面線形補間」が可能であることです[注6]．このため，回転を含む動作の時間的変化を扱うアニメーションなどには四元数がよく使われます．式 (2.28) からもわかるように，回転を表す四元数は 4 次元空間上の半径 1 の球面上の 1 点を表します．時刻 $t = 0$ から時刻 $t = 1$ に至るまで，ある回転を表す四元数 q_1 が別の回転を表す四元数 q_2 へと滑らかに変化する場合を考えましょう．q_1 と q_2 のなす角を θ とすると，任意の時刻 t $(0 \leq t \leq 1)$ における補間四元数 $q(t)$ が次式で求まります．

$$q(t) = \frac{\sin(1-t)\theta}{\sin\theta}q_1 + \frac{\sin t\theta}{\sin\theta}q_2 \tag{2.33}$$

このことを図解しましょう．四元数 q_1 と q_2，原点を通る平面による 2 次元の断面図は図 2.4 (a) のようになります．補間四元数 $q(t)$ を q_1 成分（図 2.4 (b) の赤い矢印）と q_2 成分（図 2.4 (c) の赤い矢印）に分けて考えます．q_1 成分のノルムを a とおくと，図 2.4 (b) の黄色い三角

注6　回転行列やオイラー角といった他の表現方法では線形補間が不可能です．

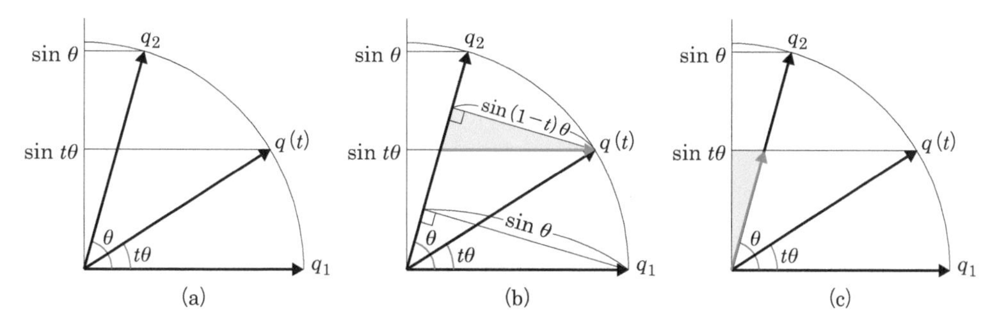

図 2.4 四元数の補間の図解

形と緑の三角形が相似形であることから，$1 : a = \sin\theta : \sin(1-t)\theta$ より $a = \frac{\sin(1-t)\theta}{\sin\theta}$ となります．また，q_2 成分のノルムを b とおくと，図 2.4 (c) の黄色い三角形と緑の三角形が相似形であることから，$1 : b = \sin\theta : \sin t\theta$ より $b = \frac{\sin t\theta}{\sin\theta}$ となります．以上により，式 (2.33) が成立することがわかります．

四元数のパラメータは，スカラ部の q_0 を w，ベクトル部の (q_1, q_2, q_3) を (x, y, z) と呼ぶ場合もあります．これら 4 つのパラメータを (w, x, y, z) の順で並べるか，あるいは (x, y, z, w) の順で並べるかはライブラリによって異なるため，注意が必要です．Open3D は四元数を扱うために Eigen ライブラリを使用しており，パラメータの順序は前者です．

2.3.4 Open3D を用いた点群の回転・並進・スケール変換

Open3D を使って点群の回転・並進・スケール変換を試してみましょう．見やすさのために点群の代わりに xyz 軸を表す矢印を表示させてみます．サンプルコードを以下に載せます．

```
1  import numpy as np
2  import open3d as o3d
3  import copy
4
5  # 軸のメッシュを作成
6  mesh = o3d.geometry.TriangleMesh.create_coordinate_frame()
7
8  # 回転
9  R = o3d.geometry.get_rotation_matrix_from_yxz([np.pi/3, 0, 0])
10 print ("R:",np.round(R,7))
11 R = o3d.geometry.get_rotation_matrix_from_axis_angle([0, np.pi/3, 0])
12 print ("R:",np.round(R,7))
13 R = o3d.geometry.get_rotation_matrix_from_quaternion([np.cos(np.pi/6), 0, np.sin(np.pi/6), 0])
14 print ("R:",np.round(R,7))
15 mesh_r = copy.deepcopy(mesh)
16 mesh_r.rotate(R, center=[0,0,0])
17
18 # 並進
```

```
19  t = [0.5, 0.7, 1]
20  mesh_t = copy.deepcopy(mesh_r).translate(t)
21  print ("Type q to continue.")
22  o3d.visualization.draw_geometries([mesh, mesh_t])
23
24  # 回転と並進
25  T = np.eye(4)
26  T[:3,:3] = R
27  T[:3,3] = t
28  mesh_t = copy.deepcopy(mesh).transform(T)
29  print ("Type q to continue.")
30  o3d.visualization.draw_geometries([mesh, mesh_t])
31
32  # スケール
33  mesh_s = copy.deepcopy(mesh_t)
34  mesh_s.scale(0.5, center=mesh_s.get_center())
35  print ("Type q to exit.")
36  o3d.visualization.draw_geometries([mesh, mesh_s])
```

まず 6 行目で軸を表す矢印のメッシュデータを作っています．この部分を適当な点群データに置き換えてもかまいません．赤い矢印が x 軸，緑の矢印が y 軸，青い矢印が z 軸を表しており，すべての矢印の長さは 1.0 になっています．次に，9〜16 行目ではこのメッシュデータを回転させています．Open3D では，回転行列 R を用いて回転を指定します．R の値は直接入力してもよいですが，他の回転表現を R に変換する関数も用意されています．9 行目は yxz 系のオイラー角を入力として R を出力しています．この例では，y 軸まわりに角度 $\pi/3$ だけ回転し，他の軸では回転していません．11 行目は回転軸に対して角度（スカラ）を乗算したベクトルを入力としています．この例でも回転軸が y 軸，角度が $\pi/3$ です．13 行目は四元数を入力しています．この例も y 軸まわりに角度 $\pi/3$ だけ回転する場合の四元数となっています．すなわち，これらの行はすべて同じ R の値を出力します．最後に，16 行目で回転行列 R を入力してデータを回転させます．この関数の第 2 引数 `center` は回転中心を表しており，この例では原点 $[0,0,0]^\top$ を指定しています．もし第 2 引数を与えない場合は，デフォルトの挙動として，点群データの重心を中心とした回転が適用されます．

次に，20 行目では回転後のメッシュデータをベクトル $[0.5, 0.7, 1]^\top$ だけ並進させています．回転と並進を同時に行うことも可能です．25〜28 行目は同次変換行列を作成して元のメッシュデータに適用しています．得られる結果は 20 行目の操作とまったく同じものになります．最後に，34 行目でメッシュデータを 0.5 倍にスケール変換しています．この例ではメッシュデータの中心を変換の中心としていますが，他の点，例えば原点を基準にスケール変換することも可能です．その場合は，原点からメッシュデータまでの距離も 0.5 倍に縮小されるでしょう．

このサンプルコードも `3dpcp_book_codes` レポジトリに置いてありますので，実行してみましょう．

```
$ cd $YOURPATH/3dpcp_book_codes/section_basics
$ python o3d_transform.py
```

実行結果を図 2.5 に示します．サンプルコードの 22，30，36 行目で元のメッシュデータと変換後のメッシュデータを並べて表示し，プログラムが停止します．Open3D の表示ウィンドウがアクティブな状態で q キーを入力すると次に進みます．最初の 2 回はまったく同じ回転と並進を行った結果を表示しますが，最後に，スケール変換も行った結果を表示します（変換後の矢印が半分の大きさになっていることがわかるでしょう）．

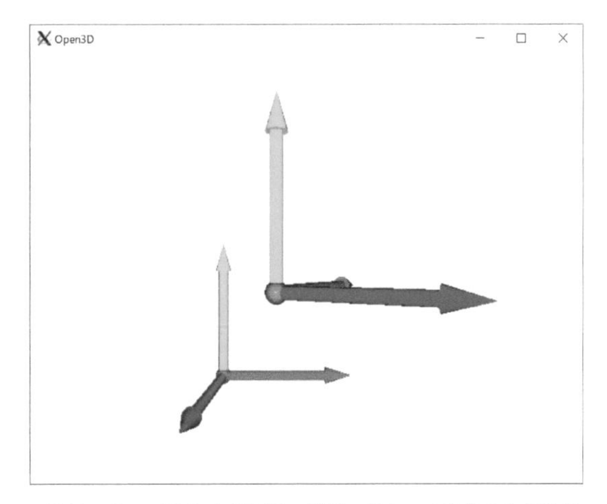

図 2.5 Open3D による回転・並進・スケール変換の実行結果

2.4 サンプリング

本節では，最も基礎的な点群処理の 1 つであるサンプリングについて学びましょう．2 次元画像と 3 次元点群データの最も大きな違いはデータ構造にあるといっても過言ではありません．2 次元画像は，画像を構成する点（ピクセル）が格子状に並んでおり，そのすべての点が輝度や RGB カラー値といった値を持っています．2 次元画像のピクセルの数は画像の大きさと直接の関係があります．例えば縦横のアスペクト比を変えずに画像の解像度を 2 倍にすれば，ピクセルの数は 4 倍になります．一方で，3 次元点群データは任意個の計測点の 3 次元座標データの集合です．何らかの 3 次元計測器によってデータを取得した場合，計測器に近い物体の表面上の点と点の距離は小さく，遠い物体の表面上の点と点の距離は大きくなります．また，現実世界の計測で得られた 3 次元点群の場合には，手前の物体に遮蔽された物体の表面上の点は計測できないため，穴あきの状態になります．このように，3 次元点群データは空間的に不均一に存在しており，また，点の数が多いからといって解像度が高いとも限りません．点群データを整列したデータとして扱う 1 つの方法は，等間隔サンプリングによるボクセル化です．ボクセルとは，ちょうど 2 次元画像のピクセルの概念を 3 次元に拡張したようなものになっており，xyz 軸方向それぞれに点が整列しています．ただし，2 次元画像のピクセルが密に値を持っているのに対し，ボクセルデータは，計測点の存在しない箇所のボクセルが空である（値を持たない）ため，疎なデータであることには注意が必要です．このため，たとえ点群データをボクセル化したとしても，データ全体に対して何らかの均等な処理を加えたりデータの性質を解析したりするような操作は，2 次元画像ほど容易ではありません．

本節では，ボクセル化を行う等間隔サンプリングの他，点群データの解像度を均一にするサンプリングである Farthest Point Sampling と Poisson Disk Sampling，そして外れ値除去について，Open3D のコードを利用しながら解説します．

2.4.1 等間隔サンプリング

Open3D の関数を使って点群データを等間隔サンプリングし，ボクセル化しましょう．サンプルコードを以下に載せます．

```
1   import sys
2   import open3d as o3d
3
4   filename = sys.argv[1]
5   s = float(sys.argv[2])
6   print("Loading a point cloud from", filename)
7   pcd = o3d.io.read_point_cloud(filename)
8   print(pcd)
9
10  o3d.visualization.draw_geometries([pcd], zoom=0.3412,
11                                    front=[0.4257, -0.2125, -0.8795],
12                                    lookat=[2.6172, 2.0475, 1.532],
13                                    up=[-0.0694, -0.9768, 0.2024])
14
15  downpcd = pcd.voxel_down_sample(voxel_size=s)
16  print(downpcd)
17
18  o3d.visualization.draw_geometries([downpcd], zoom=0.3412,
19                                    front=[0.4257, -0.2125, -0.8795],
20                                    lookat=[2.6172, 2.0475, 1.532],
21                                    up=[-0.0694, -0.9768, 0.2024])
```

10〜13 行目と 18〜21 行目は点群データを描画しているだけです．見やすい視点になるように視点のパラメータを調整しています．点群のボクセル化を行っているのは 15 行目です．パラメータ s で指定した長さをボクセルの 1 辺とし，各ボクセルの中に点が 1 点存在するような（ダウンサンプリングした）点群データを出力します．以下のコマンドを実行しましょう．

```
$ cd $YOURPATH/3dpcp_book_codes/section_basics
$ python o3d_voxelize_points.py \
../3rdparty/Open3D/examples/test_data/fragment.ply 0.03
```

この例では，まず fragment.ply ファイルの 3 次元点群データを読み込んで表示します．次に，表示ウィンドウ上で q キーを押すなどしてウィンドウを閉じると，1 辺の大きさ 0.03 のボクセルデータとして等間隔にサンプリングした点群を作成し，表示します．点の総数が減り，まばらになっているのが見てわかります．ボクセル化の処理手順は下記のとおりです．まず，点群データ内のすべての点 xyz 座標の最大最小値を取得します．これらの値のすべての組み合わせからなる 8 点を頂点とする直方体をバウンディングボックスと呼びます．そして，1 辺の大きさ 0.03 のボクセルでバウンディングボックスを分割します．次に，各点の座標を参照してボクセルに割り当てられるインデックスを計算し，そのボクセルへと点を追加していきます．最後に，各ボクセル内の点群の座標の平均値を求め，ボクセルごとに 0 ないし 1 個の新しい点を作成して点群データを出力します．

なお，Open3D には voxel_down_sample() の他に uniform_down_sample() という関数が存在しますが，これは本書で使用している用語「等間隔サンプリング」とは別物であることに注意が必要です．本書では，空間的に等間隔なサンプリングを行うという意味で「等間隔サンプリング」という用語を使用しています．これはつまり，処理の内容としてはボクセル化と相違ありません[注7]．これに対して，Open3D の関数 uniform_down_sample() は入力点群のデータの並びに沿って等間隔にデータをサンプリングします．引数としてインデックスのステップ数 k をとり，例えば $k = 3$ としたときは，入力点群の点を 2 個飛ばしでサンプリングして全体の 3 分の 1 の個数の点群データを出力します．点群データの点の並びは一般的には規則性がありません．このため，入力点群データの点が空間的に等間隔に並んでいない限りは，出力点群データも空間的に等間隔にはなりません．

2.4.2 Farthest Point Sampling (FPS)

2.4.1 節の等間隔サンプリングを行うサンプルコードを fragment.ply ファイルの 3 次元点群データに対してボクセルの 1 辺の大きさ 0.03 で適用すると，点数 196,133 個の入力点群に対して点数 12,369 個の点群が出力されます．ボクセルの 1 辺の大きさを大きくすれば出力

注7 ただし，単純に「ボクセル化」といったときは，各ボクセル内に含まれる入力点群の座標の平均値を計算せず，より単純に，そこに点が 1 個以上含まれるか否かというバイナリデータを出力する場合もあります．

点群の点数は減り，小さくすれば増えます．しかし，出力点群の点数がはっきり何個になるかは処理を実行するまでわかりません．ところが，点群処理では，ある一定数の点からなる点群を扱いたいという場合がしばしば存在します．例えば，深層学習を用いて点群データから物体を認識するというタスクを考えてみましょう．一般的に物体を認識するためには，物体を構成するパターンの特徴を抽出する必要があります．3 次元点群認識手法として有名な PointNet++ [59]は，点群データを分割して各部分領域から特徴量を抽出し，その特徴量を階層的に統合していく方法をとります．ここで，各部分領域の中心点を求めるために，点群データ全体からなるべく等間隔に離れた k 個の点をサンプリングします．このために用いられているのが Farthest Point Sampling (FPS) [18]という手法です．

FPS では，はじめに 1 点をランダムに選択します．次に，この点と他のすべての点との距離を計算し，最も距離の大きい点を選択します．そして，今回選択された点と他のすべての点との距離を計算します．各点について，最初に選ばれた点との距離と，今回選ばれた点との距離のうち，より近いほうの（最小となる）距離に注目し，この値が最大となる点を第三の点として選択します．この操作を繰り返して k 個の点を選択します．サンプルコードを以下に載せます．

```
1  import sys
2  import numpy as np
3  import open3d as o3d
4
5  def l2_norm(a, b):
6      return ((a - b) ** 2).sum(axis=1)
7
8  def farthest_point_sampling(pcd, k, metrics=l2_norm):
9      indices = np.zeros(k, dtype=np.int32)
10     points = np.asarray(pcd.points)
11     distances = np.zeros((k, points.shape[0]), dtype=np.float32)
12     indices[0] = np.random.randint(len(points))
13     farthest_point = points[indices[0]]
14     min_distances = metrics(farthest_point, points)
15     distances[0, :] = min_distances
16     for i in range(1, k):
17         indices[i] = np.argmax(min_distances)
18         farthest_point = points[indices[i]]
19         distances[i, :] = metrics(farthest_point, points)
20         min_distances = np.minimum(min_distances, distances[i, :])
21     pcd = pcd.select_by_index(indices)
22     return pcd
23
24 # main部
25 filename = sys.argv[1]
26 k = int(sys.argv[2])
27 print("Loading a point cloud from", filename)
```

```
28  pcd = o3d.io.read_point_cloud(filename)
29  print(pcd)
30
31  o3d.visualization.draw_geometries([pcd], zoom=0.3412,
32                                    front=[0.4257, -0.2125, -0.8795],
33                                    lookat=[2.6172, 2.0475, 1.532],
34                                    up=[-0.0694, -0.9768, 0.2024])
35
36  downpcd = farthest_point_sampling(pcd, k)
37  print(downpcd)
38
39  o3d.visualization.draw_geometries([downpcd], zoom=0.3412,
40                                    front=[0.4257, -0.2125, -0.8795],
41                                    lookat=[2.6172, 2.0475, 1.532],
42                                    up=[-0.0694, -0.9768, 0.2024])
```

3dpcp_book_codes レポジトリのサンプルコードを下記のとおり実行してみましょう．

```
$ cd $YOURPATH/3dpcp_book_codes/section_basics
$ python o3d_farthest_point_sampling.py \
../3rdparty/Open3D/examples/test_data/fragment.ply 1000
```

プログラムを実行すると fragment.ply の点群データが表示されますので，表示ウィンドウ上で q キーを押すなどしてウィンドウを閉じてください．すると，1,000 個の点をサンプリングする FPS がはじまります．処理が重たいので，しばらくお待ちください．数秒から数十秒程度待つと処理が終了して出力点群データが表示されるはずです．非常にまばらな点群が得られたことがわかります．もし，2.4.1 節の等間隔サンプリングと同程度の密度の点群データを出力させたければ，引数を 10,000 に増やしてみましょう．ただし，この場合は処理時間が約 10 倍になりますので，結果が出るまでゆっくり待ちましょう．

FPS では点と点の距離として，任意の距離を定義できます．上記のサンプルコードでは 3 次元空間上のユークリッド距離を使用しました．この場合，入力点群の点の数を n とすると，FPS の計算コストは $O(nk)$ となります[注8]．ユークリッド距離の代わりに，物体の表面上をなぞるような 2 点間距離（内在的距離と呼ばれています）を考えることもできます．例えば，入力が（3 次元点群ではなく）メッシュデータである場合，点と点を連結するすべてのエッジの長さ（2 次元ユークリッド距離）の総和を 2 点間距離として定義しましょう．エッジの総数を m とすると，ダイクストラ法を用いた最短距離の計算コストが $O(n\log n + m)$ となるため，FPS の計算コストは $O(k(n\log n + m))$ になるでしょう．入力点群の点の数 n が大きい場合，この計算コストはかなり大きなものになります．

注8 ただし，kd-tree を用いた場合の計算コストは $O(k\log n + n\log^2 n)$ となります．

2.4.3 Poisson Disk Sampling (PDS)

2.4.2 節では出力点群の点の個数を指定して均一なサンプリングを行う FPS という手法を紹介しましたが，FPS は計算コストが高いという点が難点です．このため，学習時の前処理などのオフライン処理に適しています．しかし，高速な処理速度が必要とされるオンライン処理におけるサンプリングでは，別の方法を考えねばなりません．1 つの単純な解法としてはランダムサンプリングが挙げられますが，空間的な均一性は保証されません．そこで，本節では Poisson Disk Sampling (PDS) というサンプリング手法を紹介します．この方法はランダムサンプリングに近いものの，サンプリングされた点の 2 点間距離の最小値を，ある指定した値以下にならないように制御できます．このため，出力点群のすべての点が互いにある一定以上の距離で離れており，実用的には，空間的均一性の高いサンプリングを行うことができます．

PDS では，はじめに 1 点をランダムに選択します．そして，その次の点もランダムに 1 点を選択します．このとき，選択された点を中心とする半径 r の球に注目し，球の中にすでにサンプリングされた点があれば，選択された点を削除します．この操作を，選択された点の数が k 個に達するまで繰り返します．

2.4.2 節の FPS は Open3D に (現時点では) 標準実装されておりませんでしたが，PDS を行う関数は標準実装されています．Open3D の関数を用いたサンプルコードを以下に載せます．

```
1   import sys
2   import open3d as o3d
3
4   filename = sys.argv[1]
5   k = int(sys.argv[2])
6   print("Loading a triangle mesh from", filename)
7   mesh = o3d.io.read_triangle_mesh(filename)
8   print(mesh)
9
10  o3d.visualization.draw_geometries([mesh], mesh_show_wireframe=True)
11
12  downpcd = mesh.sample_points_poisson_disk(number_of_points=k)
13  print(downpcd)
14
15  o3d.visualization.draw_geometries([downpcd])
```

3dpcp_book_codes レポジトリのサンプルコードを下記のとおり実行してみましょう．

```
$ cd $YOURPATH/3dpcp_book_codes/section_basics
$ python o3d_poisson_disk_sampling.py \
../3rdparty/Open3D/examples/test_data/knot.ply 500
```

入力データが表示されたら，表示ウィンドウ上で q キーを押すなどしてウィンドウを閉じ，処理を進めてください．再度ウィンドウが開き，500個の均一にサンプリングされた点群データが表示されるでしょう．ところで，今回の入力は点群データではなくメッシュデータでなければならないことに注意してください（Open3Dの仕様による制約です）．

2.4.4 最新研究事例で用いられるサブサンプリング

第6章で紹介する深層学習による3次元点群処理では，点群全体の特徴を階層的に集約するため，入力点群からサブサンプリングする手法も多数紹介されています．FPSを用いれば概形を損なわずサブサンプリングすることが可能ですが，入力点数の2乗の計算量が必要となり，タスクや入力点群の性質によっては利用しにくい場合があります．ShellNet[83]（点群畳み込みを提案した研究事例）では，提案した畳み込み手法と組み合わせた場合にはランダムに点群をサブサンプリングしたとしても性能が悪化しないことを報告しています．Flex-convolution[22]（こちらも点群畳み込みを提案した研究事例）では，Inverse Density Importance Sub-Sampling (IDISS) というサンプリング手法を提案しています．これは入力点数に比例する計算量ですので，FPSよりも高速にサブサンプリングができます．他にも学習を用いてサブサンプリングを実現する手法として，USIP[40]（3次元位置合わせのための特徴点検出にサブサンプリングを利用）や，Modeling Point Clouds with Self-Attention and Gumbel Subset Sampling[78]（Gumbel-Maxを用いた確率的なサブサンプリング手法の提案）などが提案されています．

2.4.5 外れ値除去

センサから取得した現実世界の計測データである3次元点群データは，時としてノイズを含みます．特に，物体の境界部分の距離データが正しく計測できない場合が多く，結果として，物体境界から影のようにボソボソと後方に伸びる（実際には存在しない）点群が得られがちです．また，鏡面反射により誤った距離データが得られることもあります．このような，実物の物体表面上ではない空間に存在する点群データを外れ値として除去する処理が存在し，Open3Dにも実装されています．サンプルコードを以下に載せます．

```
1  import sys
2  import open3d as o3d
3
4  def display_inlier_outlier(cloud, ind):
5      inlier_cloud = cloud.select_by_index(ind)
6      outlier_cloud = cloud.select_by_index(ind, invert=True)
7
8      print("Showing outliers (red) and inliers (gray): ")
9      outlier_cloud.paint_uniform_color([1, 0, 0])
```

```
10        inlier_cloud.paint_uniform_color([0.8, 0.8, 0.8])
11        o3d.visualization.draw_geometries([inlier_cloud, outlier_cloud],
12                                          zoom=0.3412,
13                                          front=[0.4257, -0.2125, -0.8795],
14                                          lookat=[2.6172, 2.0475, 1.532],
15                                          up=[-0.0694, -0.9768, 0.2024])
16
17    filename = sys.argv[1]
18    print("Loading a point cloud from", filename)
19    pcd = o3d.io.read_point_cloud(filename)
20    print(pcd)
21
22    print("Statistical oulier removal")
23    cl, ind = pcd.remove_statistical_outlier(nb_neighbors=20, std_ratio=2.0)
24    display_inlier_outlier(pcd, ind)
25
26    print("Radius oulier removal")
27    cl, ind = pcd.remove_radius_outlier(nb_points=16, radius=0.02)
28    display_inlier_outlier(pcd, ind)
```

このサンプルコードでは，Open3D に実装されている 2 種類の外れ値除去を実行します．23 行目の関数は統計的外れ値除去を行っています．統計的外れ値除去は，まず，各点とその近傍点との距離の平均値を求めます．そして，この平均値に基づいてあるしきい値を定め，近傍点との距離がしきい値以上になる点を外れ値として除去します．ここで 2 つの引数を入力します．1 つ目の引数 nb_neighbors は考慮する近傍点の個数であり，2 つ目の引数 std_ratio は距離のしきい値を決定するパラメータです．std_ratio が小さければ小さいほど多くの点を外れ値と見なします．27 行目の関数は半径外れ値除去を行っています．半径外れ値除去は，各点を中心とするある半径の球内の点を近傍点と見なしたとき，近傍点の個数がしきい値未満となる点を外れ値として除去します．この関数も 2 つの引数を入力します．1 つ目の引数 nb_points は近傍点の個数のしきい値であり，2 つ目の引数 radius は球の半径です．いずれの外れ値除去アルゴリズムも，データ内の各点に対して，近傍データに対する孤立度合いを算出し，この値に基づいて外れ値を判定しています．

3dpcp_book_codes レポジトリにサンプルコードが置いてありますので，実行してみましょう．

```
$ cd $YOURPATH/3dpcp_book_codes/section_basics
$ python o3d_remove_outliers.py \
../3rdparty/Open3D/examples/test_data/fragment.ply
```

プログラムの実行結果を図 2.6 に示します．このプログラムでは，外れ値として選ばれた点が赤く表示されます．ほとんど変わりませんが，アルゴリズムの違いにより，少しだけ異なる点が外れ値として選ばれていることがわかります．

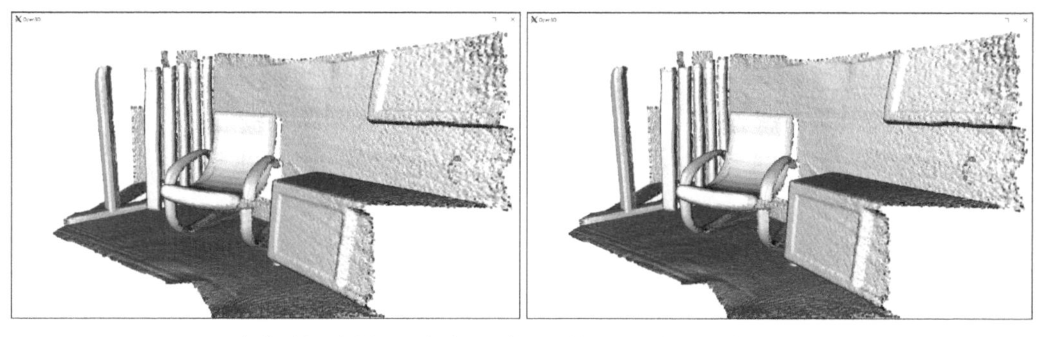

図 2.6 点群の外れ値除去の出力結果．（左）統計的外れ値除去，（右）半径外れ値除去

2.5 法線推定

2.5.1 点群からの法線推定

点群の法線ベクトルを推定しましょう．さまざまな点群処理において，法線ベクトルはとても重要な情報になります．例えば，物体認識を行うためには特徴量を抽出する必要がありますが，点を表す特徴量として，（RGB カラー値とともに）法線の値がよく利用されます．あるいは，点群の位置合わせを行う際に面と面を合わせる処理が入ることがありますが，この際に法線の情報が必要になります．法線／法線ベクトルとは，従来，直線や平面に対して定義されるものであり，点に対して定義できるものではありません．点群の法線を求めるときは，暗にその点群が何らかの物体表面という曲面上に分布していることを仮定します．そして，各点の法線は，その点における接平面に直交するベクトルとして定義されます．

点群の法線を求める方法を説明しましょう．まず，各点の近傍点を求めます．そして，近傍点群の 3 次元座標に対して主成分分析を行います．主成分分析は，近傍点群の分散共分散を求め，その固有値分解を行うという分析手法です．通常の場合，例えば次元削減を行うために主成分分析を行う場合は，固有値の大きいものから順に任意個の固有ベクトルを抽出します．固有値の大きい固有ベクトルは，すなわちサンプルの分散が大きい軸を表します．今回の場合では，法線ベクトルとして，近傍点群の分散が最も小さい軸を選びます．すなわち，最小固有値を持つ固有ベクトルを選べば，これが求める法線ベクトルになります．

2.5.2 メッシュデータからの法線推定

点の情報だけでなく面の情報を持つメッシュデータを対象とする法線推定は，点群の場合よりも簡単です．面（多くの場合は三角メッシュ）を構成する辺のうち 2 本の外積を求めれば，それが面の法線ベクトルとなります．そして，点の法線ベクトルは，その点が含まれるすべての面の法線ベクトルの平均値として求められます[注9]．

2.5.1 節で説明した点群からの法線推定，および本節で紹介したメッシュデータからの法線推定は，Open3D に実装されています．サンプルコードを以下に載せます．

```
1   import sys
2   import open3d as o3d
3   import numpy as np
4
5   filename = sys.argv[1]
6   print("Loading a point cloud from", filename)
7   mesh = o3d.io.read_triangle_mesh(filename)
8   print(mesh)
9   o3d.visualization.draw_geometries([mesh])
10
11  pcd = o3d.geometry.PointCloud()
12  pcd.points = mesh.vertices
13  pcd.estimate_normals(
14      search_param=o3d.geometry.KDTreeSearchParamHybrid(radius=10.0, max_nn=10))
15
16  print(np.asarray(pcd.normals))
17  o3d.visualization.draw_geometries([pcd], point_show_normal=True)
18
19  mesh.compute_vertex_normals()
20
21  print(np.asarray(mesh.triangle_normals))
22  o3d.visualization.draw_geometries([mesh])
```

3dpcp_book_codes レポジトリにサンプルコードが置いてありますので，実行してみましょう．

```
$ cd $YOURPATH/3dpcp_book_codes/section_basics
$ python o3d_estimate_normals.py \
../3rdparty/Open3D/examples/test_data/knot.ply
```

このサンプルコードは入力のメッシュデータ knot.ply をメッシュデータとして読み込み，その頂点を点群データの変数 pcd に格納します．まず，9 行目で入力のメッシュデータを表示します．法線情報がないため，すべての面が均一な色で表示されています．Open3D の表示ウィンドウがアクティブな状態で q キーを入力するなどして次に進むと，13 行目で点群からの法線推定を行い，得られた法線データを出力した後に点群を描画します．引数 radius は近傍点

注9　ただし，ノルムが 1 になるよう正規化する必要があることに注意してください．

探索のために用いる球の半径を，max_nn は近傍点の最大個数を示しています．さらに進むと，19 行目でメッシュデータからの法線計算が行われ，得られた法線データを出力した後にメッシュデータを描画します．今度はメッシュデータが法線情報を持っているので，法線の方向を考慮した照光が適用されます．実行結果を図 2.7 に示します．

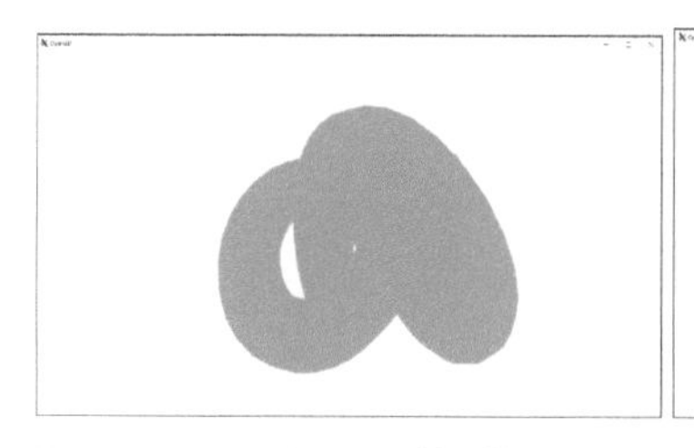
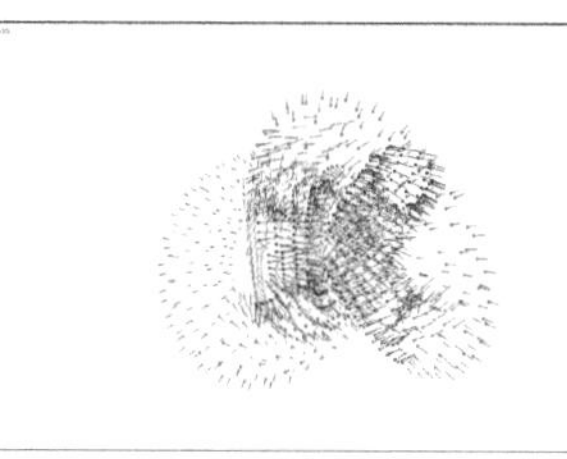
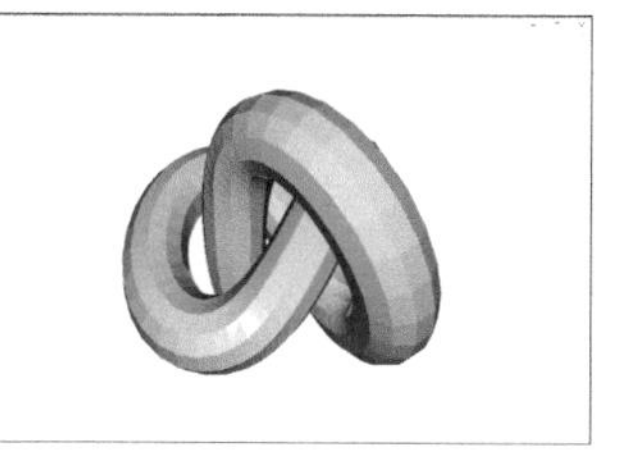

図 2.7　Open3D を用いた法線推定の結果．（左）入力メッシュデータ，（中央）点群から推定した法線の表示，（右）法線付きメッシュデータのライティングをしたレンダリング

章末問題

問題 2.1

インターネットから 3 次元データを入手し，Microsoft 3D Builder や MeshLab などを用いて描画してみましょう．

問題 2.2

zxz 系のオイラー角 α, β, γ を用いて回転行列 R を求めてください．

問題 2.3

式 (2.12) と式 (2.29) を参考にして，四元数 q の要素 q_0, q_1, q_2, q_3 を用いて回転行列 R を求めてください．

問題 2.4

サンプルコード o3d_transform.py(p.29) を編集して，8 行目の「# 回転」以降の処理と 18 行目の「# 並進」以降の処理の順番を逆にしましょう．結果がどのように変わるかを考察しましょう．

問題 2.5

等間隔サンプリング（点群のボクセル化）の関数を実装しましょう．実行結果がサンプルコード o3d_voxelize_points.py(p.32) を用いた場合と同じになることを確認しましょう．

問題 2.6

サンプルコード o3d_farthest_point_sampling.py(p.34) を参考にして，ユークリッド距離の代わりに表面上の内在的距離を用いる FPS を実装しましょう．ただし，入力は点群でなくメッシュデータを用いてもかまいません．

問題 2.7

法線ベクトルを求める関数を実装しましょう．実行結果がサンプルコード o3d_estimate_normals.py(p.40) を用いた場合と同じになることを確認しましょう．

第3章

特徴点・特徴量の抽出

本章では，点群からの特徴点・特徴量抽出について学びます．特徴の抽出はパターン認識における基礎的な処理です．後段のさまざまな点群処理を行うために特徴の抽出が必要となります．例えば，ある視点から計測した点群データと別の視点から計測した点群データとをつなぎ合わせ，同じ世界座標系で表示させることを点群レジストレーション（位置合わせ）と呼びますが，点群レジストレーションを行うためには，対応点探索が必要です．対応点を探すためには特徴点およびその点を表現する特徴量の抽出が必要となります．あるいは，点群データからの物体認識をするとき，点群データの一部あるいは全体を表す特徴量の抽出が必要となります．点群レジストレーション（位置合わせ）は第４章で，点群からの物体認識は第５章で詳しく説明します．これらの処理内容を学ぶためにも，まずは本章で特徴点・特徴量の抽出について理解しましょう．

3.1 特徴点（キーポイント）

特徴点（キーポイント）とは，点群の中でも特徴的なパターンを持ち，他の点との区別が付きやすいランドマークになりうる点のことを指します．例えば，第 4 章で紹介する点群レジストレーション（位置合わせ）を考えましょう．点群レジストレーションを行うためには，複数個の異なる視点から撮影した複数の点群データに対して，ある点群データから別の点群データへの座標変換を求めることになります．このとき，点群データ間でどの点とどの点が対応するかを求める（対応点探索をする）必要があります．ここで，一方の点群データ内のすべての点に対する対応点をもう一方の点群データから探すことは計算量の観点から現実的ではありません．さらに，多くの特徴的でない点に対する誤対応点の存在によって点群レジストレーションの精度が下がるかもしれません．以上の理由から，点群レジストレーションの最初の段階で特徴点の抽出が行われます．

本節では 2 つの特徴点抽出手法を紹介します．まず，Harris3D について述べます．これは 2 次元画像処理でよく使われる Harris コーナー検出 [24]の拡張手法です．次に，Intrinsic Shape Signature (ISS) [84]を紹介します．これは Open3D をはじめとする多くのオープンソースライブラリに実装されていることから，3 次元点群処理で最もよく使われる特徴点抽出手法です．

3.1.1 Harris3D

Harris3D は 2 次元画像処理でよく使われる Harris コーナー検出 [24]の拡張手法です．まず，Harris コーナー検出について簡単に説明します．コーナーとなる点は，その点から全方向に対する画素値の変化が大きい点となります．とある窓関数 $w(u,v)$ と画素値 $I(u,v)$ を用いて，とあるピクセルシフト量 (x,y) に対する画素値変化量 $E(x,y)$ は次式で表せます．

$$E(x,y) = \sum_{u,v} w(u,v)|I(x+u, y+v) - I(u,v)|^2 \tag{3.1}$$

ただし，全方向を考えるので，(x,y) の集合は $\{(1,0),(1,1),(0,1),(-1,1)\}$ とします．窓関数 $w(u,v)$ は局所領域を定義するためのものです．ある大きさの矩形領域でもよいし，滑らかな円形の窓を用いるためのガウス関数 $w(u,v) = \exp -(u^2+v^2)/2\sigma^2$ とすることもあります．ここで，x, y 方向の画素の勾配をそれぞれ I_x, I_y とおき，ピクセルシフト量 (x,y) が十分に小さい値であるとしてテイラー展開を用いると，$E(x,y)$ は次式で近似できます．

$$E(x,y) \approx [x \quad y]\, M \begin{bmatrix} x \\ y \end{bmatrix}, \quad M = \sum_{u,v} w(u,v) \begin{bmatrix} I_x I_x & I_x I_y \\ I_x I_y & I_y I_y \end{bmatrix} \tag{3.2}$$

行列 M の 2 つの固有値（仮に λ_1 と λ_2 とします）と点の画素値との間には下記の関係があります．まず，λ_1 と λ_2 が両方小さい場合は，すべての方向へのシフトに対して画素値の変化が小さい点になります．次に，λ_1 と λ_2 のどちらかが大きくもう一方が小さい場合は，ある方向にのみ画素値の変化が大きい点，すなわちエッジ上の点であると考えられます．最後に，λ_1 と λ_2 が両方大きい場合は，すべての方向へのシフトに対して画素値の変化が大きい点，すなわちコーナー点であると考えられます．以上をふまえて，λ_1 と λ_2 が両方大きい点を発見するために，次式の Harris 指標 R を計算します．

$$R = \det(M) - k\ \mathrm{tr}(M)^2 = \lambda_1\lambda_2 - k(\lambda_1 + \lambda_2)^2 \tag{3.3}$$

ただし k は実験的に決定するパラメータです[注1]．コーナー点は R が正の大きな値に，エッジ上の点は R が負の値に，そして特に特徴のないフラットな点は R が正の小さな値になります．よって，R があるしきい値を超える点を抽出すればコーナー点を検出できます．なお，k を明示的に設定することを避けるために，式 (3.3) の代わりに次式が用いられることもあります．

$$R = \frac{\det(M)}{\mathrm{tr}(M)} \tag{3.4}$$

最後に，各点に対してある範囲の近傍点をチェックし，自身の R 値よりも小さい R 値を持つ点を消去します．これは，画像中のほぼ同じ位置に多くのコーナー点が重複検出されることを防ぐために局所最大となる点のみを抽出する処理であり，一般に Non Maximum Suppression (NMS) と呼ばれています．

以上が 2 次元画像処理における Harris コーナー検出の流れです．3 次元点群処理のオープンソースライブラリである Point Cloud Library (PCL) では，これを 3 次元処理用に拡張した HarrisKeypoint3D()[注2]という関数が用意されています．ここでは，画素値勾配の代わりに点の法線ベクトルを用いて Harris 指標を計算しています．Python のサンプルコードを下記に示します．ただし，式 (3.3) の代わりに式 (3.4) を用いています．

```
1   import sys
2   import open3d as o3d
3   import numpy as np
4   from keypoints_to_spheres import keypoints_to_spheres
5
6   def compute_harris3d_keypoints( pcd, radius=0.01, max_nn=10, threshold=0.001 ):
7       pcd.estimate_normals(
8           search_param=o3d.geometry.KDTreeSearchParamHybrid(radius=radius, max_nn=max_nn))
9       pcd_tree = o3d.geometry.KDTreeFlann(pcd)
10      harris = np.zeros( len(np.asarray(pcd.points)) )
```

注1　約 0.04 から 0.15 の間の値に設定する場合が多いようです．

注2　https://pointclouds.org/documentation/classpcl_1_1_harris_keypoint3_d.html

```
11        is_active = np.zeros( len(np.asarray(pcd.points)), dtype=bool )
12
13        # Harris指標を計算
14        for i in range( len(np.asarray(pcd.points)) ):
15            [num_nn, inds, _] = pcd_tree.search_knn_vector_3d(pcd.points[i], max_nn)
16            pcd_normals = pcd.select_by_index(inds)
17            pcd_normals.points = pcd_normals.normals
18            [_, covar] = pcd_normals.compute_mean_and_covariance()
19            harris[ i ] = np.linalg.det( covar ) / np.trace( covar )
20            if (harris[ i ] > threshold):
21                is_active[ i ] = True
22
23        # NMS
24        for i in range( len(np.asarray(pcd.points)) ):
25            if is_active[ i ]:
26                [num_nn, inds, _] = pcd_tree.search_knn_vector_3d(pcd.points[i], max_nn)
27                inds.pop( harris[inds].argmax() )
28                is_active[ inds ] = False
29
30        keypoints = pcd.select_by_index(np.where(is_active)[0])
31        return keypoints
32
33    # main部
34    filename = sys.argv[1]
35    print("Loading a point cloud from", filename)
36    pcd = o3d.io.read_point_cloud(filename)
37    print(pcd)
38
39    keypoints = compute_harris3d_keypoints( pcd )
40    print(keypoints)
41
42    pcd.paint_uniform_color([0.5, 0.5, 0.5])
43    o3d.visualization.draw_geometries([keypoints_to_spheres(keypoints), pcd])
```

7〜8 行目で法線を計算し，9 行目で近傍点探索のための kd-tree を作成し，14 行目以降で各点における近傍点群の法線の共分散を計算して，Harris 指標を計算します．24 行目以降の for ループ内で NMS を行っています．

3dpcp_book_codes レポジトリのサンプルコードを実行してみましょう．その前に，有名な 3 次元モデルであるスタンフォードバニーを手元にダウンロードしましょう．標準的な Linux 環境であれば，下記のコマンドを実行するとファイルをダウンロードできます．

```
$ cd $YOURPATH/3dpcp_book_codes/3rdparty/Open3D/examples/test_data/
$ wget http://graphics.stanford.edu/pub/3Dscanrep/bunny.tar.gz
$ tar xvfz bunny.tar.gz
$ mv bunny/reconstruction/bun_zipper.ply Bunny.ply
$ rm -r {bunny,bunny.tar.gz}
```

そして，以下のサンプルコードを実行しましょう．

```
$ cd $YOURPATH/3dpcp_book_codes/section_keypoints_features
$ python o3d_harris3d_keypoint_detection.py \
../3rdparty/Open3D/examples/test_data/Bunny.ply
```

こうすると，図 3.1 左のような点群が表示されるでしょう．検出されたコーナー点が黄色く表示されています．

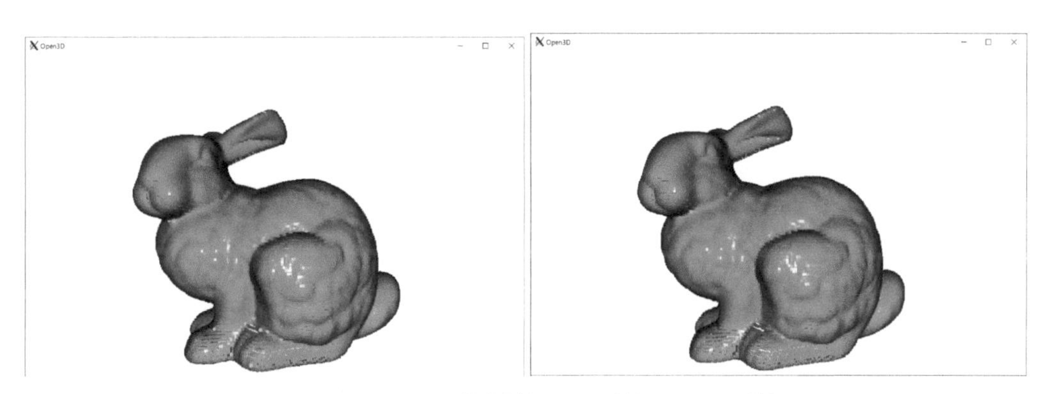

図 3.1　Open3D を用いた特徴点検出の例．（左）Harris3D，（右）ISS

3.1.2 Intrinsic Shape Signature (ISS)

Intrinsic Shape Signature (ISS) [84]の顕著度計算にも固有値分解を用います．3 次元点 $\mathbf{p} \in \mathbb{R}^3$ の近傍点の集合を $\mathcal{N}(\mathbf{p})$ とし，それらの点の重心を $\mu_{\mathbf{p}} = \frac{1}{N}\sum_{\mathbf{q}\in\mathcal{N}(\mathbf{p})}\mathbf{q}$ とすると，共分散行列 $M_{\mathbf{p}}$ は次式で計算できます．

$$M_{\mathbf{p}} = \frac{1}{N}\sum_{\mathbf{q}\in\mathcal{N}(\mathbf{p})}(\mathbf{q}-\mu_{\mathbf{p}})(\mathbf{q}-\mu_{\mathbf{p}})^\top \tag{3.5}$$

そして，$M_{\mathbf{p}}$ の固有値を大きい順に λ_1，λ_2，λ_3 としたときの最小固有値 λ_3 を顕著度として用います．ただし，1 番目の固有値と 2 番目の固有値の比 λ_2/λ_1，または 2 番目の固有値と 3 番目の固有値の比 λ_3/λ_2 が，あるしきい値以上となる点は除外します．この処理は，2 つ以上の主成分軸が互いに同じような分散を持つ点の主成分分析が不安定であり，後段の特徴抽出処理が不安定になることから特徴点としてふさわしくないという考えに基づいています．そして，Harris3D と同様の NMS 処理を行い，近傍点群の中で顕著度が最大となる点のみを抽出します．

ISS 特徴点抽出は Open3D の関数として実装されています．これを用いたサンプルコードを以下に載せます．

```
import sys
import open3d as o3d
from keypoints_to_spheres import keypoints_to_spheres

filename = sys.argv[1]
print("Loading a point cloud from", filename)
pcd = o3d.io.read_point_cloud(filename)
print(pcd)

keypoints = \
o3d.geometry.keypoint.compute_iss_keypoints(pcd,
                                            salient_radius=0.005,
                                            non_max_radius=0.005,
                                            gamma_21=0.5,
                                            gamma_32=0.5)
print(keypoints)

pcd.estimate_normals(
    search_param=o3d.geometry.KDTreeSearchParamHybrid(radius=0.01, max_nn=10))
pcd.paint_uniform_color([0.5, 0.5, 0.5])
o3d.visualization.draw_geometries([keypoints_to_spheres(keypoints), pcd])
```

3dpcp_book_codes レポジトリのサンプルコードを実行してみましょう．

```
$ cd $YOURPATH/3dpcp_book_codes/section_keypoints_features
$ python o3d_iss_keypoint_detection.py \
../3rdparty/Open3D/examples/test_data/Bunny.ply
```

こうすると，図 3.1 右のような点群が表示されるでしょう．検出されたコーナー点が黄色く表示されています．

3.2 大域特徴量

本書では，第 5 章にて点群からの物体認識を学びます．物体認識は，生の数値データから人間が理解可能な高次の意味的情報を抽出するための最も基礎的かつ重要な技術であり，ロボット・人工知能研究の要であるともいえます．3 次元データからの物体認識について理解するために，まずは 3 次元特徴量を知ることからはじめましょう．物体認識とは，ある入力データから何らかのパターンを表現する数値列である特徴量を抽出し，これを既知のデータ――例えば「りんご」「車」といった物体カテゴリの名称や，あるいはデータベースに登録されている特定の物体のモデルデータ——に紐付ける操作によって実現されます．物体のカテゴリ名称を推定する処理を「一般物体認識」，特定のデータベース登録物体のどれに合致するかを推定する処理を「特定物体認識」と，あえて区別して呼ぶこともあります．特徴量には，大きく分けて大域特徴量と局所特徴量の2種類が存在します．大域特徴量は入力データの全体を表現する数値列です．従来型の物体認識アプローチは，何らかの手法で抽出した大域特徴量を，サポートベクトルマシンやランダムフォレストといった何らかの識別手法によりクラス分類します．これに対して，局所特徴量は入力データの局所領域を表現する数値列です．多くの場合は，あるデータと別のデータ上の特徴点の対応付けを行うため，特徴点の周辺領域を記述するために使用されます．本節では，3次元データから抽出する大域特徴量の中でも代表的な手法をいくつか紹介し，次節にて代表的な局所特徴量を紹介します．

3.2.1 3D Shape Histogram

まず，最も基本的な3次元特徴量である3D Shape Histogram [6]を紹介します．ここでは，入力の物体の3次元データは点群またはメッシュであるとします．まず，3次元データの中心を原点とし，物体表面上の点を球上等間隔にサンプリングします．そして，図3.2に示す3通りの方法で空間を分割し，各領域に含まれる点数のヒストグラムを計算します．1つ目の空間分割は物体を囲む球の半径方向の分割であり，Shellモデルと呼ばれます．Shellモデルでは，原点を中心として各点を回転させる変換を加えたときに，変換後の点が変換前の点と同じ領域に含まれるため，物体の回転に対して不変な特徴量が得られます．2つ目は角度方向の分割であり，Sectorモデルと呼ばれます．3つ目のCombinedモデルは2つのモデルの組み合わせです．さて，この手法が最も基本的といった意味は，多くの3次元特徴量が同じように空間分割によるヒストグラム計算のアプローチをとるからです．3D Shape Histogramは物体の中心を原点とする大域特徴量ですが，後述する点群局所特徴量のSpin Image [29]とSHOT [69]は，各（1点の）特徴点を原点とした局所領域の空間分割を行っています．

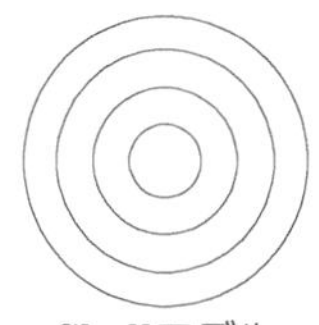

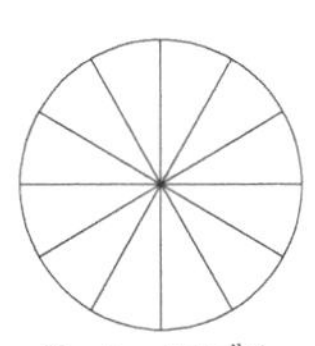

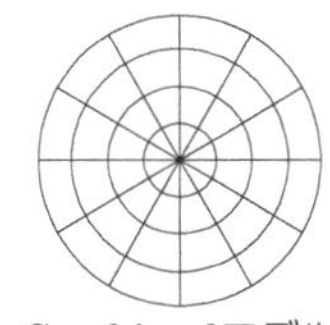

図3.2　3D Shape Histogramの空間分割．
ここでは空間分割した球の断面を図示している

3.2.2 Spherical Harmonics Representation

次に，Spherical Harmonics Representation [32]を紹介します．この手法は，任意の物体の

3 次元形状を球面上のある関数と見なし，これを有限個の基底ベクトルの線形結合で近似するものです．半径 1 の球面上の球面座標 (θ, ϕ) における任意の関数 $f(\theta, \phi)$ は，下記のとおり級数展開できることが知られています．

$$f(\theta, \phi) = \sum_{l=0}^{\infty} \pi_l(f) = \sum_{l=0}^{\infty} \sum_{m=-l}^{l} a_{lm} Y_l^m(\theta, \phi) \tag{3.6}$$

ここで，$Y_l^m(\theta, \phi)$ は球面調和関数と呼ばれ，l は周波数を，$\pi_l(f)$ は f の l 番目の周波数成分を表します．球面調和関数はフーリエ級数の球座標版であり，式 (3.6) は 3 次元形状のフーリエ変換のようなものであるといえば理解しやすいかもしれません．ここで，低周波数の関数は大域的な形状を，高周波数の関数は局所的な形状をとらえています．Spherical Harmonics Representation は，各周波数における関数の持つエネルギーを並べた特徴量 SH として次式のとおり定義されます．

$$\mathrm{SH}(f) = \{\|\pi_0(f)\|, \|\pi_1(f)\|, \dots\} \tag{3.7}$$

この特徴量の重要な点は回転不変性にあります．ある周波数 l に対して，球面調和関数 $Y_l^m(\theta, \phi)$（ただし $m = -l, \dots, l$）の集合がはる空間は回転群の表現となります．すなわち，任意の関数 f と任意の回転 R に対して，$\pi_l(R(f)) = R(\pi_l(f))$ となります．このため，任意の回転 R に対して次式が成立します．

$$\begin{aligned} \mathrm{SH}(R(f)) &= \{\|\pi_0(R(f))\|, \|\pi_1(R(f))\|, \dots\} \\ &= \{\|R(\pi_0(f))\|, \|R(\pi_1(f))\|, \dots\} \\ &= \{\|\pi_0(f)\|, \|\pi_1(f)\|, \dots\} = \mathrm{SH}(f) \end{aligned} \tag{3.8}$$

ある物体の 3 次元データが与えられたとき，物体中心を原点とした半径 r の球の表面とその物体との交差点を求めることで[注3]，各 r の値に対する球面関数 $f(\theta, \phi)$ が得られます．この関数 $f(\theta, \phi)$ に対して，各周波数 l におけるエネルギーを並べ，上記 $\mathrm{SH}(f)$ を求めます．そうして Spherical Harmonics Representation は最終的に r と l を軸とする 2 次元ヒストグラムとして得られます．

ところで，3 次元物体の回転への対処方法には，(1) 回転不変な特徴量を使う，(2) 主成分分析を行うなどして物体の基準軸を求め，基準姿勢に回転させる，(3) 大量に回転させてあらゆる姿勢を試すの 3 通りが挙げられます．ここでは (1) のアプローチを紹介しましたが，次に (3) のアプローチをとるものを紹介します．

注3　Shell モデル空間分割にあたります．

3.2.3 LightField Descriptor (LFD)

最後の大域特徴量として，LightField Descriptor (LFD) [12]を紹介します．これは物体を（仮想的に配置したカメラにより）多方向から見た2次元画像の集まりとして表現するものです．このような画像群は，多視点画像と呼ばれます．仮想カメラは，図3.3に示すように物体を囲む正十二面体の20個の頂点上に配置します．その理由は，正十二面体が最も頂点数の多い正多面体だからです．正十二面体の各頂点は3つの辺と接しているので，あるカメラ位置を別のカメラ位置に移動させるような回転の場合の数は60 $(= 20 \times 3)$ 通りです．正多面体を自分自身に重ね合わせる回転操作の群は正多面体群と呼ばれており，上記の理由から，正十二面体群の位数は60ということになります．LightField Descriptorを抽出するためには，さらにカメラ位置を（他の頂点に重ならないように）動かして N 通りの角度から仮想的に撮影，すなわちレンダリングします．こうして得られた各カメラ画像からはシルエットの輪郭を表現する記述子を計算します．そして，2つの与えられた3次元物体データを比較するとき，あらゆる姿勢の組み合わせ（$(N \times (N-1)+1) \times 60$ 通り）においてシルエット記述子の類似度の総和を計算します．論文では $N = 10$ とされており，すなわち5460通りの姿勢における物体間類似度が計算されます．

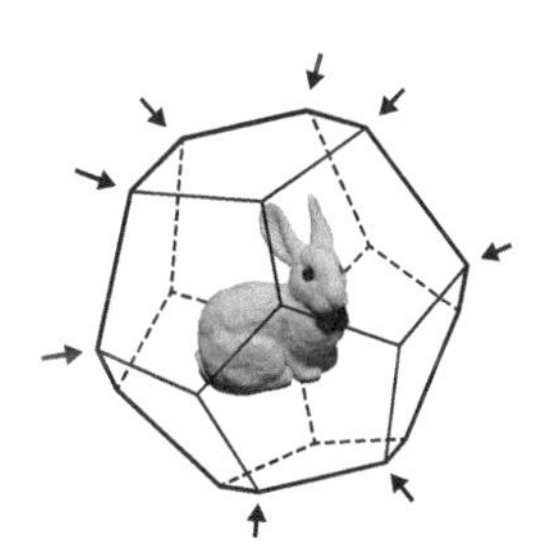

図3.3 LightField Descriptor

このようなマルチビュー戦略は3次元物体認識および検索タスクにおいて極めて重要な位置付けにあります．LightField Descriptorはシルエットの輪郭を表現しますが，第7章で紹介するMulti-view CNN [67]はレンダリングした画像から畳み込みニューラルネットワーク(Convolutional Neural Networks, CNN) 特徴を抽出しており，3次元物体のカテゴリ分類タスクで高い性能を記録しています．

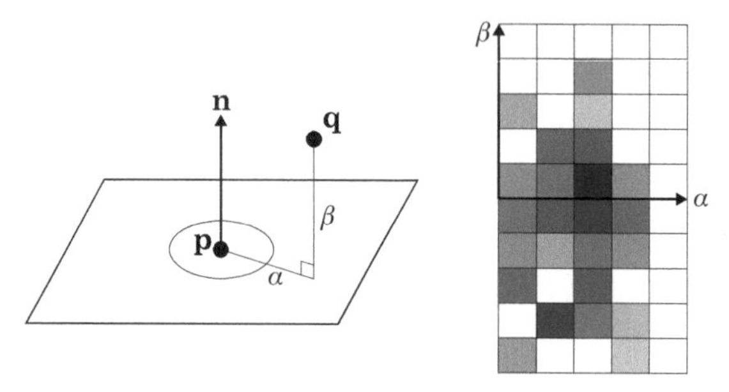

図 3.4　点 $\mathbf{p}$ の接平面へのある近傍点 $\mathbf{q}$ の射影と Spin Image のヒストグラム

3.3 局所特徴量

3.3.1 Spin Image

点群から得られる局所特徴量として最もよく知られる Spin Image [29]を紹介します．局所特徴量とは，ある特徴点 $\mathbf{p}(\in \mathbb{R}^3)$ まわりの局所領域を記述する特徴量です．まず，ある特徴点 $\mathbf{p}$ の近傍点群を用いて，この点の法線ベクトル $\mathbf{n}(\in \mathbb{R}^3)$ を求めます．そして，点 $\mathbf{p}$ の接平面に対してある近傍点 $\mathbf{q}(\in \mathbb{R}^3)$ を射影し，2 つの距離 α と β を求めます（図 3.4 左）．すべての近傍点に関して α と β を求めて，最終的に図 3.4 右のような 2 次元ヒストグラムを得ます．論文ではビンの数は $15 \times 15 = 225$ とされており，すなわち 225 次元の特徴量となります．このように Spin Image は特徴点近傍の物理空間を分割しますが，色付き点群を扱う場合，物理空間のみならず色空間も分割することで色の違いを区別する Color Spin Image [56]というものも提案されています．例えば色空間をグレースケール化して c 段階に分割したとき，Color Spin Image は，各段階の色を持つ点を抽出した点群，およびすべての点を含む点群のそれぞれから Spin Image を抽出し，計 $c+1$ 個の Spin Image を連結することで特徴量を得ます．

このように点群の局所特徴量は，多くの場合，特徴点の接平面の法線ベクトルを基準とすることで回転不変性を確保しています[注4]．

3.3.2 SHOT

SHOT [69]は前述の Spin Image 以降に提案された，点群から抽出する局所特徴量としてよく知られる手法です．これもまた特徴点周辺の局所領域を空間分割してヒストグラムを求めるアプローチです．前述の Spin Image との大きな違いは，空間の基準軸のとり方にあります．Spin Image [29]は特徴点の接平面の法線ベクトルという 1 軸を基準にとり，これを Reference Axis (RA) として特徴量を計算します．これに対し，SHOT は 3 軸が固定された Reference

注4　3.2.2 節の最後に述べた 3 つの回転への対処方法の (2) にあたります．

Frame (RF) に基づいて特徴量を計算します．RF を求める 1 つの方法として，特徴点 $\mathbf{p}$ の近傍点群の共分散行列 $M_{\mathbf{p}}$ を固有値分解する手法が知られています．共分散行列 $M_{\mathbf{p}}$ の求め方は式 (3.5) を参照してください．ただし，$M_{\mathbf{p}}$ の固有値分解で得られる基準軸はノイズの影響を受けやすいことが指摘されています．よりノイズに頑健で再現性の高い RF を求めるために，SHOT の論文では次式によって，特徴点 $\mathbf{p}$ との距離が近い点の影響をより強く受ける行列 $M'_{\mathbf{p}}$ を求める方法が提案されています．

$$M'_{\mathbf{p}} = \frac{1}{\sum_{\mathbf{q}\in\mathcal{N}(\mathbf{p})}(R - \|\mathbf{q} - \mu_{\mathbf{p}}\|_2)} \sum_{\mathbf{q}\in\mathcal{N}(\mathbf{p})} (R - \|\mathbf{q} - \mu_{\mathbf{p}}\|_2)(\mathbf{q} - \mu_{\mathbf{p}})(\mathbf{q} - \mu_{\mathbf{p}})^\top \quad (3.9)$$

ただし R は特徴点 $\mathbf{p}$ から近傍点までの距離のしきい値です．そして M' の固有値分解を行って 3 本の固有ベクトルを求め，これらを固有値の小さい順に並べて RF とします．

RF を用いることで，局所空間は半径 (radius)，方位角 (azimuth)，高度 (elevation) の 3 方向に分割できます．3.2.1 節で紹介した 3D Shape Histogram が半径と角度方向のみの分割であったのに対し，1 自由度が増えていることに注意してください．SHOT は空間を半径 2 分割，方位角 8 分割，高度 2 分割の計 32（$= 2 \times 8 \times 2$）分割して，各領域の法線ベクトル $\mathbf{n}_{v_i}$ とその領域内の点の法線ベクトル $\mathbf{n}_u$ の内積 $\cos\theta_i$ に関するヒストグラムを計算します．色付き点群から特徴量を計算したいのであれば，さらにカラーヒストグラムを結合することで色の違いを区別する Color SHOT [68]を用いるのもよいでしょう．

3.3.3 Fast Point Feature Histograms (FPFH)

最後に，Fast Point Feature Histograms (FPFH) [60]という局所特徴量を紹介します．まず FPFH の説明の前に，Point Feature Histograms (PFH) [61]を紹介しましょう．ある特徴点 $\mathbf{p}$ を表す PFH は，その点を中心とした小球領域に含まれる k 個の近傍点を求め，それらの点から 2 点を選ぶすべての組み合わせ $(\mathbf{p}_i, \mathbf{p}_j)$ に対して計算される下記パラメータ α, ϕ, θ のヒストグラムを計算します．

$$\alpha = ((\mathbf{p}_j - \mathbf{p}_i) \times \mathbf{n}_i) \cdot \mathbf{n}_j \quad (3.10)$$

$$\phi = \frac{\mathbf{n}_i \cdot (\mathbf{p}_j - \mathbf{p}_i)}{\|\mathbf{p}_j - \mathbf{p}_i\|} \quad (3.11)$$

$$\theta = \arctan((\mathbf{n}_i \times ((\mathbf{p}_j - \mathbf{p}_i) \times \mathbf{n}_i) \cdot \mathbf{n}_j), \mathbf{n}_i \cdot \mathbf{n}_j) \quad (3.12)$$

ただし，$\mathbf{n}_i, \mathbf{n}_j$ はそれぞれ点 $\mathbf{p}_i, \mathbf{p}_j$ の法線ベクトルです．これらのヒストグラムの計算量は（1 点の特徴点につき）$O(k^2)$ となります．そこで，より高速に特徴量を計算するために，FPFH 特徴抽出では特徴点 $\mathbf{p}$ とその k 近傍点との間の上記パラメータ α, ϕ, θ のヒストグラムを計算します．このヒストグラムを Simplified Point Feature Histogram (SPFH) と呼びます．そして，特徴点 $\mathbf{p}$ を表す FPFH（FPFH($\mathbf{p}$)）は，SPFH($\mathbf{p}$) を用いて次式で計算されます．

$$\mathrm{FPFH}(\mathbf{p}) = \mathrm{SPFH}(\mathbf{p}) + \frac{1}{k}\sum_{i=1}^{k}\frac{1}{\omega_i}\mathrm{SPFH}(\mathbf{p}_i) \tag{3.13}$$

ここで，重み ω_i は（何らかの距離関数を用いた）2 点間距離として定義されています．FPFH の計算量は（1 点の特徴点につき）$O(k)$ となり，PFH に比べて高速な処理となっています．デフォルト設定では，各パラメータにつき 11 個のビンのヒストグラムを計算することで，FPFH の特徴次元数は 33 となっています．

以上，本節では Spin Image，SHOT，FPFH という 3 つの代表的な 3 次元局所特徴量を紹介しました．これらの特徴抽出処理は PCL に実装されています．Open3D には，FPFH 特徴抽出のみが実装されています．Open3D を用いた FPFH 特徴抽出のサンプルコードを以下に載せます．

```
1   import sys
2   import open3d as o3d
3
4   filename = sys.argv[1]
5   print("Loading a point cloud from", filename)
6   pcd = o3d.io.read_point_cloud(filename)
7   print(pcd)
8
9   pcd.estimate_normals(
10      search_param = o3d.geometry.KDTreeSearchParamHybrid(radius=0.01, max_nn=10))
11
12  fpfh = o3d.pipelines.registration.compute_fpfh_feature(pcd,
13      search_param = o3d.geometry.KDTreeSearchParamHybrid(radius=0.03, max_nn=100))
14
15  print(fpfh)
16  print(fpfh.data)
```

9〜10 行目で法線を計算し，12〜13 行目で FPFH を計算しています．双方の関数において，kd-tree を用いた近傍点探索が実行されています．引数 `radius` は近傍点探索のために用いる球の半径を，`max_nn` は近傍点の最大個数を示しています．FPFH 特徴抽出においては，これらのパラメータを法線計算時に用いたパラメータ（10 行目）よりも少し大きめに設定するとよいでしょう．

`3dpcp_book_codes` レポジトリのサンプルコードを実行してみましょう．

```
$ cd $YOURPATH/3dpcp_book_codes/section_keypoints_features
$ python o3d_fpfh_extraction.py \
../3rdparty/Open3D/examples/test_data/Bunny.ply
```

実行すると，すべての点において計算された 33 次元の FPFH 特徴量を格納した数値データが出力されます．このサンプルコードでは省略していますが，実際の 3 次元点群処理において，多くの場合は最初に 3.1 節で説明した特徴点抽出を行い，特徴点に対してのみ特徴量を計算する流れとなります．

章末問題

問題 3.1

Bunny.ply 以外の 3 次元データに対して特徴点を抽出し，表示させてみましょう．

問題 3.2

抽出する特徴点の数を増やすにはどのようにすればよいでしょうか．Harris3D と ISS のそれぞれについて，与えるパラメータを調整して結果の変化を考察しましょう．

問題 3.3

3D Shape Histogram を抽出するプログラムを実装しましょう．入力する点群データを回転させると 3D Shape Histogram がどのように変化するかを観察しましょう．

問題 3.4

正十二面体群の位数は 60 でした．正四面体群と正六面体群の位数はそれぞれいくつになるでしょうか．

問題 3.5

Spin Image を抽出するプログラムを実装しましょう．

問題 3.6

SHOT を抽出するプログラムを実装しましょう．

問題 3.7

入力する点群データを回転させると FPFH がどのように変化するかを観察しましょう．また，点群データのスケールを変化させた場合も試してみましょう．

問題 3.8

入力する点群データをサンプリングし，点の数を減らすと FPFH がどのように変化するかを観察しましょう．

第4章

点群レジストレーション（位置合わせ）

本章では，同一地点を共有視野に持つ，別々の視点から撮影された 2 つの点群データを位置合わせ (alignment) するためのアルゴリズムを解説します．点群の位置合わせは，ソース（位置合わせ元）点群 P をターゲット（位置合わせ先）点群 X にぴったり位置合わせする剛体変換パラメータ（回転 R と平行移動 $\mathbf{t}$）を推定する問題です．したがって，位置合わせのアルゴリズムは，2 つの点群の重なり度合い，すなわち点群間の距離を測る処理と，点群の位置姿勢を変更するための剛体変換の推定とで構成されます．本章では，点群間の距離の計算方法と，それを用いた位置合わせアルゴリズムを紹介します．

4.1 最近傍点の探索（単純な方法）

点群 $X = \{x_1, x_2, ..., x_n\}$ から任意の点（クエリとも呼びます）$\mathbf{p}$ の最近傍点を見つけ出すタスクのことを最近傍探索や検索と呼びます．点間の距離として 2 乗距離を使うことにすると，最近傍探索は次のように書くことができます．

$$i' = \underset{i=1,2,...,n}{\text{argmin}} ||\mathbf{p} - \mathbf{x}_i|| \tag{4.1}$$

この実装として最もシンプルな方法は，X を構成する点すべてと $\mathbf{p}$ との 2 乗距離を計算し，その最小値を結果とする方法です．Open3D を使って，この処理を実装してみましょう (図 4.1)．

```
1   import open3d as o3d
2   import numpy as np
3
4   # sin関数に従う点列の生成
5   X_x = np.arange(-np.pi,np.pi, 0.1)
6   X_y = np.sin(X_x)
7   X_z = np.zeros(X_x.shape)
8   X = np.vstack([X_x, X_y, X_z]).T
9
10  # 点pを定義
11  p = np.array([1.0,0.0,0.0])
```

X として，正弦 (sin) 関数に従う点列を用意します．点 $\mathbf{p} = (1.0, 0.0, 0.0)$ としました．

```
1   # XをOpen3Dの点群として用意
2   pcd_X = o3d.geometry.PointCloud()
3   pcd_X.points = o3d.utility.Vector3dVector(X)
4   pcd_X.paint_uniform_color([0.5,0.5,0.5])
5
6   # pをOpen3Dの点群として用意
7   pcd_p = o3d.geometry.PointCloud()
8   pcd_p.points = o3d.utility.Vector3dVector([p])
9   pcd_p.paint_uniform_color([0.0,0.0,1.0])
10
11  # 座標軸を用意
12  mesh = o3d.geometry.TriangleMesh.create_coordinate_frame()
13
14  # 可視化
15  o3d.visualization.draw_geometries([mesh,pcd_X,pcd_p])
```

点と点群の距離を計算する関数を `dist(p,X)` とします．この関数は $\mathbf{p}$ の最近傍点までの 2 乗距離とその点のインデックスを返します．

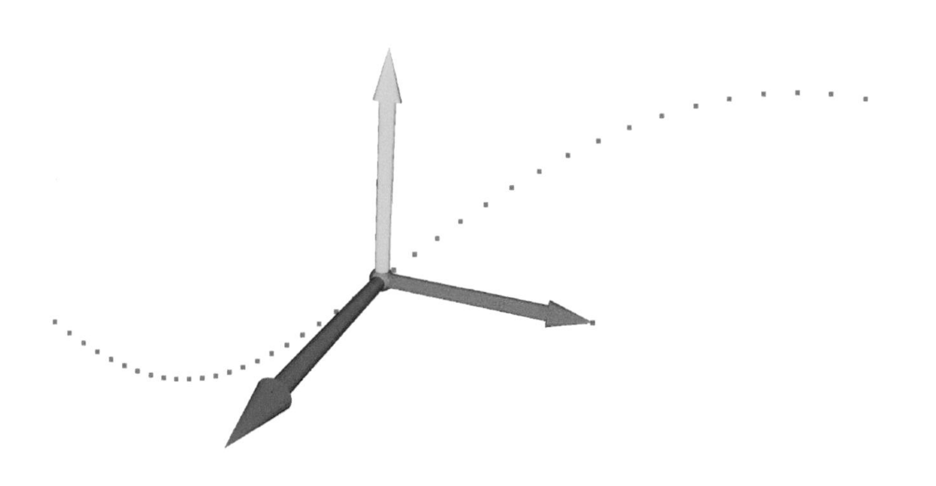

図 4.1 sin 関数に従う点列．赤矢印の先の青点がクエリ

```
1  def dist(p, X):
2      dists = np.linalg.norm(p-X,axis=1)
3      min_dist = min(dists)
4      min_idx = np.argmin(dists)
5
6      return min_dist, min_idx
```

この関数では，まず，np.linalg.norm を使って点 p と点群 X を構成する各点までの 2 乗距離を計算し，結果をリスト dists に保存します．次に，dists の最小値とそのインデックス（点 p に対する最近傍点の番号）をそれぞれ取り出して返します．

それでは，dist(p,X) を使って取り出した点 $\mathbf{p}$ の最近傍点の色を緑に変更して可視化しましょう（図 4.2）．

```
1  min_dist, min_idx = dist(p,X)
2  np.asarray(pcd_X.colors)[min_idx] = [0.0,1.0,0.0]
3  print("distance:{:.2f}, idx:{}".format(min_dist, min_idx))
4  print("nearest neighbor:", X[min_idx])
5  o3d.visualization.draw_geometries([mesh, pcd_X,pcd_p])
```

これを実行することで，点 $\mathbf{p}$ に対する最近傍点は，X の 37 番目の点であり，その 2 乗距離は 0.69 であることがわかります．

ここまでの処理を行うサンプルコードの実行方法は次のとおりです．

```
$ python nn_search_basic.py
```

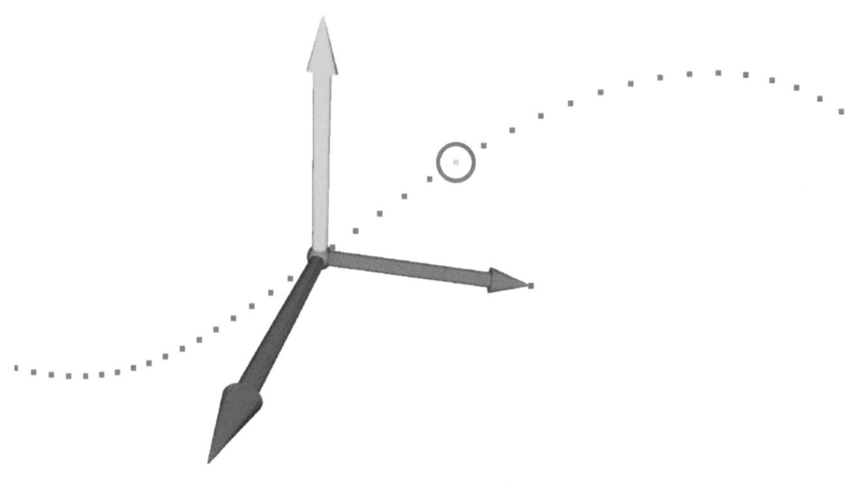

図 4.2　クエリに対する最近傍点（緑）

4.2 最近傍点の探索（kd-tree による方法）

点群処理において，最近傍探索は頻繁に利用される処理です．クエリと最も近い点だけでなく，クエリに近いものから順に k 点（k 近傍探索）や，クエリからある一定距離の点群を取り出す際にも同様の計算が必要です．近傍点の探索を行うたびにすべての点との距離を計算すると，後の処理のボトルネックとなるので，なるべく高速に処理できるほうが望ましいです．本節では，効率のよい近傍点探索法として，kd-tree を用いた方法を紹介します．

4.2.1 kd-tree の構築

kd-tree とは k 次元空間におけるデータを整理して保存するためのデータ構造です．今回は点群処理なので，3 次元空間のデータを扱います．探索対象の点群（例えば，4.1 節の点群 X）を木構造として表現し直しておくことで，近傍点探索を効率化します．

まず，kd-tree の構築について，簡単のために 2 次元の点群を例に説明します．3 次元点群においては，ここでの説明に 3 番目の次元が追加されるだけです．

図 4.3 左は 2 次元空間上の点群を表しています．A から G まで 7 点存在します．青と緑の線は，それぞれ x 軸，y 軸方向の空間分割を表しています．図 4.3 右は，左の点群から構築した kd-tree です．末端ノードが各点，その他のノードが分割基準を保持しています．

kd-tree の構築は，処理対象のデータが存在する空間を軸ごとに再帰的に区切って木構造としてデータを保持します．できあがる木が平衡であれば，のちの探索処理の効率がよくなるため，分割基準は対象の軸の中央値としています．

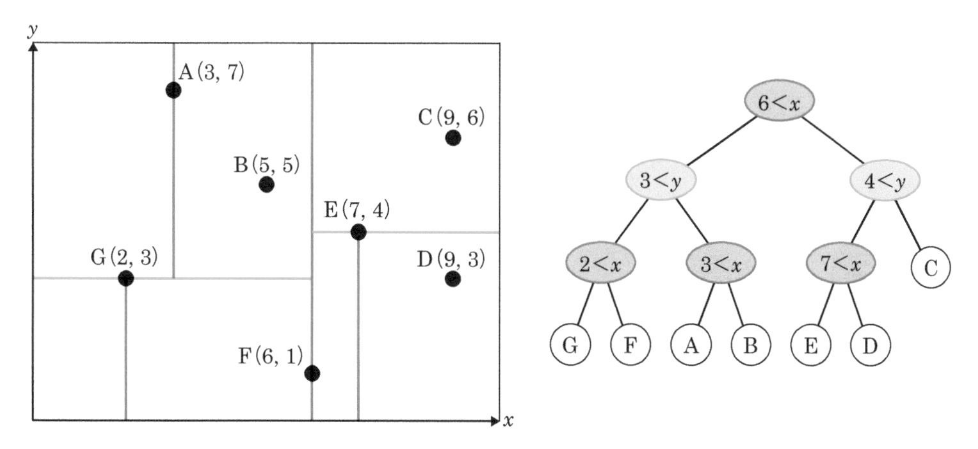

図 4.3　kd-tree の構築

今回の場合は，$x \to y \to x \to y \ldots$ の順に区切っています．はじめは，すべてのデータの x 座標を確認し，その中央値 (=6) を基準に x 座標が 6 以下のグループ（左）と，6 より大きいグループ（右）に分割します．そして，左側のグループにおいて y の座標を確認し，その中央値（=3）を基準に y 座標が 3 以下のグループ（下）と，3 より大きいグループ（上）に分割します．同様に，右側のグループにおいて y の座標を確認し，その中央値（=4）を基準に y 座標が 4 以下のグループ（下）と，4 より大きいグループ（上）に分割します．グループ内の点が 1 点になるまでこの処理を軸を変更しながら再帰的に繰り返すことによって，図 4.3 右の kd-tree を構築します．これで，効率よく近傍点探索を行う準備が整いました．

4.2.2 kd-tree の探索処理

kd-tree を使ってクエリに対する最近傍点を算出する手順を説明します（図 4.4）．今回はクエリとして Q(7, 5) を用意します．まずは，クエリを kd-tree に入力し，対応する末端ノードまでノードをたどります．そうすると図 4.4 右のとおり，対応するノードは C ということがわかります．この時点では最近傍点がわかったわけではありません．Q に対する最近傍点は，QC 間の距離を半径とする円と重なった区画内に存在しうることがわかります．

そこで，他の候補点との距離を計算することにします．円の半径は $\sqrt{5}$ なので，調べる区画の範囲は，

$$(7-\sqrt{5} < x < 7+\sqrt{5},\ 5-\sqrt{5} < y < 5+\sqrt{5}) = (4.8 < x < 9.2,\ 2.8 < y < 7.2) \quad (4.2)$$

ということになります．図 4.4 左のオレンジ色の区画です．ノード C から kd-tree をさかのぼって，これらの区画のデータと距離を比較して，最近傍点の候補を見つけます．実際には，さかのぼる途中で，点 E などのさらに近い点が見つかるので，上記の調べる区画を狭めることも可能です．kd-tree では調べる点数が点数全体に対してかなり削減されますので，高速な最

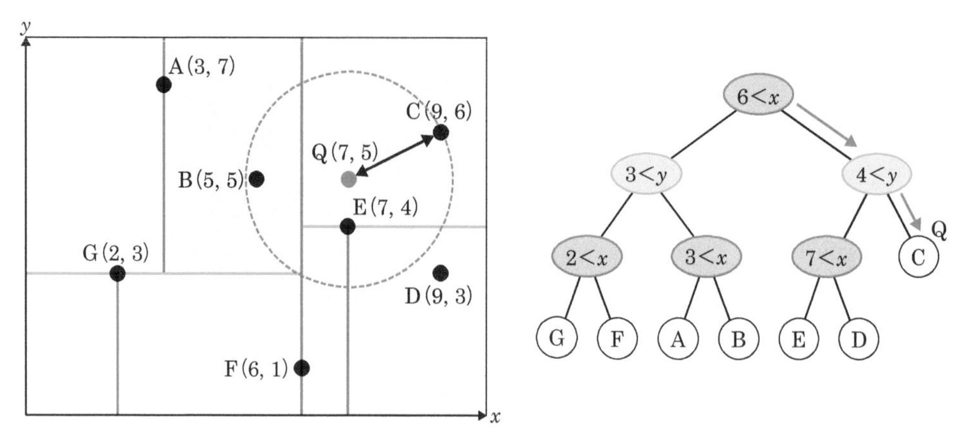

図 4.4　kd-tree による最近傍探索

近傍探索が可能です．

4.2.3 Open3D による kd-tree

それでは，Open3D を使って kd-tree による探索を試してみましょう．Open3D においても，4.2.2 節までの説明と同様に，まず kd-tree を構築し，クエリを入力することによって探索を行います．

また，Open3D の kd-tree には，探索の基準が 3 つ用意されています．

1. search_knn_vector_3d：クエリの k 近傍点を抽出する方法
2. search_radius_vector_3d：指定した半径の値以内の点を抽出する方法
3. search_hybrid_vector_3d：上記 2 つの基準を満たす点を抽出する方法．RKNN サーチとも呼ばれます．

それぞれ動作を確認しましょう．

まずは，search_knn_vector_3d を試します．点群の 10,000 番目の点をクエリとして，そこから近い順に 200 点を抽出します．

```
1  # 点群を読み込み，グレーに着色
2  pcd = o3d.io.read_point_cloud("data/bun000.pcd")
3  pcd.paint_uniform_color([0.5, 0.5, 0.5])
4
5  # kd-treeの構築
6  pcd_tree = o3d.geometry.KDTreeFlann(pcd)
7
8  query = 10000
9  pcd.colors[query] = [1, 0, 0]
```

```
10
11  [k, idx, d] = pcd_tree.search_knn_vector_3d(pcd.points[query], 200)
12  np.asarray(pcd.colors)[idx[1:], :] = [0, 0, 1]
13  o3d.visualization.draw_geometries([pcd])
```

d には各点の 2 乗距離が入っているので，ルートをとると，実際の距離になります．

次に，search_radius_vector_3d を試します．点群の 20,000 番目の点をクエリとして，そこから距離 0.01 以内の点を抽出します．

```
1  query = 20000
2  pcd.colors[query] = [1, 0, 0]
3  [k, idx, d] = pcd_tree.search_radius_vector_3d(pcd.points[query], 0.01)
4  np.asarray(pcd.colors)[idx[1:], :] = [0, 1, 0]
5  o3d.visualization.draw_geometries([pcd])
```

最後に，search_hybrid_vector_3d を試します．点群の 5,000 番目の点をクエリとして，そこから距離 0.01 以内の点を 200 点抽出します（図 4.5）．

```
1  query = 5000
2  pcd.colors[query] = [1, 0, 0]
3  [k, idx, d] = pcd_tree.search_hybrid_vector_3d(pcd.points[query],
4                                                  radius=0.01,
5                                                  max_nn=200)
6  np.asarray(pcd.colors)[idx[1:], :] = [0, 1, 1]
7  o3d.visualization.draw_geometries([pcd])
```

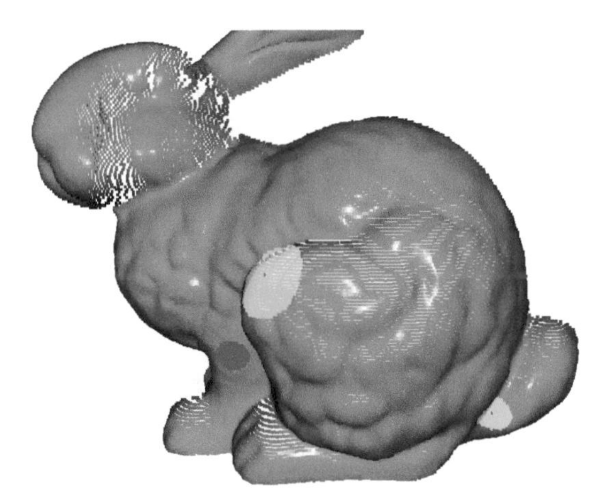

図 4.5　open3d による近傍点探索の結果．赤：クエリ点，青：search_knn_vector_3d によるクエリの近傍 200 点，緑：search_radius_vector_3d によるクエリから距離 0.01 以内の点群，水色：search_hybrid_vector_3d によるクエリから距離 0.01 以内の近傍 200 点

ここまでの処理を行うサンプルコードの実行方法は次のとおりです．

```
$ python o3d_kd_tree.py
```

4.3 ICP アルゴリズム

Iterative Closest Points (ICP) アルゴリズムは，点群同士の位置合わせ処理に広く用いられる大変有名なアルゴリズムです．位置合わせ元となるソース点群と位置合わせ先であるターゲット点群を入力とし，ソース点群をターゲット点群に位置合わせするために必要な回転と並進（まとめて剛体変換と表記します）を推定します．ICP アルゴリズムは位置合わせ結果に精密さを求めるケースにおいて特に効果を発揮します．また，ICP アルゴリズムは初期値依存性のあるアルゴリズムです．ソース点群とターゲット点群がある程度近い状態でないと，よい解が得られません．ソース点群とターゲット点群が大きくずれている場合には，例えば，第 5 章で説明する特徴点マッチングによる姿勢推定によって（粗い）位置合わせを行っておき，これを ICP アルゴリズムで扱うソース点群の初期姿勢とします．

ICP アルゴリズムは次の 4 つの手順で構成されるアルゴリズムです．

手順 1. ソース点群とターゲット点群の対応付け
手順 2. 剛体変換の推定
手順 3. 物体の姿勢のアップデート
手順 4. 収束判定（収束しない場合は 1. へ戻る）

この手順を繰り返すことによって，ソース点群をターゲット点群に徐々に近づけながら剛体変換を推定します．

本章では，Open3D を使った ICP アルゴリズムの実行方法と，Point-to-Point, Point-to-Plane の 2 種類の ICP アルゴリズムの実装方法を解説します．

4.3.1 Open3D による ICP アルゴリズムの実行

Open3D には ICP アルゴリズムが実装されているので，数行のコードで実行することが可能です．まずは動作させてみましょう．

```
1  import open3d as o3d
2  import numpy as np
3  import copy
```

```
4
5   pcd1 = o3d.io.read_point_cloud( "data/bun000.pcd" )
6   pcd2 = o3d.io.read_point_cloud( "data/bun045.pcd" )
7
8   pcd_s = pcd1.voxel_down_sample(voxel_size=0.005)
9   pcd_t = pcd2.voxel_down_sample(voxel_size=0.005)
```

ソース点群を変数名 pcd_s，ターゲット点群を変数名 pcd_t としてデータを用意します．後の可視化結果を見やすくするために，点群を voxel_down_sample（2.4.1 節参照）によって間引いています．

初期状態を表示させてみましょう（図 4.6）．ソース点群を緑，ターゲット点群を青に着色しています．

```
1   pcd_s.paint_uniform_color([0.0, 1.0, 0.0])
2   pcd_t.paint_uniform_color([0.0, 0.0, 1.0])
3   o3d.visualization.draw_geometries([pcd_s,pcd_t])
```

図 4.6　初期状態の点群

ICP アルゴリズムの実行には o3d.pipelines.registration.registration_icp を使います．関数の引数は以下のとおりです．

1. pcd_s：位置合わせ元の点群です．この点群の姿勢をアップデートします．
2. pcd_t：位置合わせ先の点群です．
3. threshold：2 つの点群を対応付けするときの最大距離です．
4. trans_init：pcd_s の初期姿勢です．今回は，単位行列（pcd_s の姿勢変換なし）を初期姿勢としました．
5. obj_func：目的関数（後述）の選択肢です．

```
1  threshold = 0.05
2  trans_init = np.identity(4)
3  obj_func = o3d.pipelines.registration.TransformationEstimationPointToPoint()
4  result = o3d.pipelines.registration.registration_icp( pcd_s, pcd_t,
5                                                        threshold,
6                                                        trans_init,
7                                                        obj_func
8                                                      )
```

位置合わせの結果は result に保存されています．確認しましょう．

```
1  trans_reg = result.transformation
2  print(trans_reg)
```

trans_reg は 4×4 の同次変換行列 $T = \begin{bmatrix} R & \mathbf{t} \\ \mathbf{0} & 1 \end{bmatrix}$ であり，R は 3×3 回転行列，$\mathbf{t}$ は 3 次元平行移動ベクトルです．

変換後のソース点群 pcd_reg を赤に着色して，結果を可視化してみましょう．

```
1  pcd_reg = copy.deepcopy(pcd_s).transform(trans_reg)
2  pcd_reg.paint_uniform_color([1.0, 0.0, 0.0])
3  o3d.visualization.draw_geometries([pcd_reg,pcd_t])
```

図 4.7 のとおり，変換後のソース点群（赤）がターゲット点群（青）に重なっており，よく一致していることがわかります．

ここまでの処理を，3dpcp_book_codes レポジトリのサンプルコードとして提供しています．実行方法は次のとおりです[注1]．

```
$ cd $YOURPATH/3dpcp_book_codes/section_registration
$ python o3d_icp.py
```

注 1　これ以降はカレントディレクトリが section_registration であることを前提として説明します．

図 4.7 ICP アルゴリズムによる位置合わせ結果

4.3.2 ICP アルゴリズムの目的関数

ICP アルゴリズムは，手順 2 において，Point-to-Point，Point-to-Plane と呼ばれる 2 種類の目的関数のいずれかを最小化する剛体変換を推定します．

Point-to-Point は，Besl と McKay によって発表された論文[9]で使われている目的関数です．

$$E(T) = \sum_{(\mathbf{x},\mathbf{p})\in\mathcal{K}} (\mathbf{x} - T\mathbf{p})^2 \tag{4.3}$$

ここで，$\mathcal{K}$ は手順 1 で求めた対応点の集合です．$\mathbf{x}, \mathbf{p}$ はそれぞれ X, P の点です．この関数では，剛体変換 T を適用した点 $\mathbf{p}$ とその対応点である $\mathbf{x}$ との距離を評価しています．このように，対応点間の 2 乗距離を使って距離を求めているので，この目的関数は Point-to-Point と呼ばれています．Open3D では，`obj_func` を以下のように設定することによって，Point-to-Point の目的関数を利用できます．

```
1   obj_func = o3d.pipelines.registration.TransformationEstimationPointToPoint()
```

Point-to-Plane は，ソースの点とターゲットの面の距離を評価する目的関数です．目的関数に入る前に，点 P を $\mathbf{p} = (x, y, z)^\top$，面を単位法線ベクトル $\mathbf{n}_x$ と面上の任意の点 $\mathbf{x} = (x_0, y_0, z_0)^\top$ で表し，この距離について考えます．距離は，点から面への最短距離，つまり点 P から面へ伸ばした垂線の長さです．これは，面上の任意の点から点 P までのベクトル $\mathbf{v} = (x - x_0, y - y_0, z - z_0)^\top$ を $\mathbf{n}_x$ に射影したベクトルの長さになります．したがって，

$$d = |\mathbf{v} \cdot \mathbf{n}| = |(\mathbf{p} - \mathbf{x}) \cdot \mathbf{n}_x| \tag{4.4}$$

となります．

ICP アルゴリズムにおいては，点 P がソース点群を構成する点，点 X と単位法線ベクトル $\mathbf{n}_x$ がターゲット点群を構成する点です．回転行列 R と平行移動ベクトル $\mathbf{t}$ によるソース点群の変換を考慮すると，Point-to-Plane の目的関数は，次のように書くことができます．

$$E(T) = \sum_{(\mathbf{x},\mathbf{p}) \in \mathcal{K}} ((\mathbf{x} - T\mathbf{p}) \cdot \mathbf{n}_x)^2 \tag{4.5}$$

この目的関数を使うと，多くの場合で Point-to-Point の目的関数を利用した ICP アルゴリズムよりも少ない繰り返し回数で収束することが知られています．しかし，法線付きの点群を扱わなければならないことに注意しましょう．o3d_icp.py の 20 行目にある obj_func を以下のように設定することによって，Point-to-Plane の目的関数を利用できます．

```
1   obj_func = o3d.pipelines.registration.TransformationEstimationPointToPlane()
```

Open3D を使って ICP アルゴリズムを動作させるときは，このように 1 行だけ変更するだけでよいのですが，上記の 2 つの目的関数は，同一の解き方で剛体変換を算出できません．次節から，目的関数ごとの実装方法を解説します．

4.4 ICP アルゴリズムの実装 (Point-to-Point)

前述したとおり，Open3D を使うことによって，ICP アルゴリズムの動作を確認できます．ここでは，アルゴリズムの内部を理解するために，Python コードとして実装してみます．実装する内容は論文[9]に従います．論文によると，ICP アルゴリズムの手順は以下の 4 つです．

手順 1. ソース点群とターゲット点群の対応付け
手順 2. 剛体変換の推定
手順 3. 物体の姿勢のアップデート
手順 4. 収束判定（収束しない場合は 1. へ戻る）

以下では，手順ごとに実装します．まずは位置合わせ対象の点群を読み込みます．さきほどと同様に，ソース点群を変数名 pcd_s，ターゲット点群を変数名 pcd_t としてデータを用意

し，初期状態を可視化します．

```
1  import open3d as o3d
2  import numpy as np
3  import numpy.linalg as LA
4  import copy
5
6  pcd1 = o3d.io.read_point_cloud( "data/bun000.pcd" )
7  pcd2 = o3d.io.read_point_cloud( "data/bun045.pcd" )
8
9  pcd_s = pcd1.voxel_down_sample(voxel_size=0.005)
10 pcd_t = pcd2.voxel_down_sample(voxel_size=0.005)
11
12 pcd_s.paint_uniform_color([0.0, 1.0, 0.0])
13 pcd_t.paint_uniform_color([0.0, 0.0, 1.0])
14 o3d.visualization.draw_geometries([pcd_t, pcd_s] )
```

さて，論文[9]で紹介されたICP アルゴリズムでは，物体の姿勢を同次変換行列ではなく，7つの実数値で表されるレジストレーションベクトル $\mathbf{q}$ として扱います．これは，ICP アルゴリズムにおける姿勢計算において，Horn によって提案された手法——単位四元数を用いて対応のとれた点群同士の位置合わせ誤差を最小化する位置姿勢を計算するアルゴリズム[26]——を適用するためです．

$\mathbf{q}$ を構成する前半の4つの実数値をまとめてベクトル $\mathbf{q}_R = [q_0, q_1, q_2, q_3]^\top$ とします．$\mathbf{q}_R$ は回転を表現する単位四元数（2.3.3 節参照）の成分で構成されており，$q_0 \geq 0$ かつ $q_0^2 + q_1^2 + q_2^2 + q_3^2 = 1$ です．後半の3つの実数値をまとめたベクトル $\mathbf{q}_t = [q_4, q_5, q_6]^\top$ は平行移動を表します．

論文[9]の ICP アルゴリズムは，レジストレーションベクトルを使って以下の目的関数を最小化します．

$$f(\mathbf{q}) = \frac{1}{n}\sum_{i=1}^{n} ||\mathbf{x}_i - R(\mathbf{q}_R)\mathbf{p}_i - \mathbf{q}_t|| \tag{4.6}$$

ソース点群とターゲット点群の対応点はそれぞれ $\mathbf{p}_i, \mathbf{x}_i$ であり，その総数が n です．また，$R(\mathbf{q}_R)$ は，四元数 $\mathbf{q}_R$ を回転行列に変換する関数です．本書では，式 (2.31) として説明しています．まず，レジストレーションベクトルを初期化します．

$$\mathbf{q} = (1, 0, 0, 0, 0, 0, 0) \tag{4.7}$$

ICP アルゴリズムでは，この $\mathbf{q}$ の値をアップデートしながら，ソース点群をターゲット点群に位置合わせする剛体変換を算出します．四元数から回転行列への変換と $\mathbf{q}$ の初期化を以下のとおりに実装します．

```
1   def quaternion2rotation( q ):
2       rot = np.array([[q[0]**2+q[1]**2-q[2]**2-q[3]**2,
3                        2.0*(q[1]*q[2]-q[0]*q[3]),
4                        2.0*(q[1]*q[3]+q[0]*q[2])],
5
6                       [2.0*(q[1]*q[2]+q[0]*q[3]),
7                       q[0]**2+q[2]**2-q[1]**2-q[3]**2,
8                        2.0*(q[2]*q[3]-q[0]*q[1])],
9
10                      [2.0*(q[1]*q[3]-q[0]*q[2]),
11                       2.0*(q[2]*q[3]+q[0]*q[1]),
12                      q[0]**2+q[3]**2-q[1]**2-q[2]**2]]
13                    )
14      return rot
15
16  q = np.array([1.,0.,0.,0.,0.,0.,0.])
17  rot = quaternion2rotation(q)
18  print(rot)
```

初期値の $\mathbf{q}$ は回転行列に変換すると単位行列になります．つまり，点群を回転させないことを意味します．

4.4.1 手順 1. ソース点群とターゲット点群の対応付け

ICP アルゴリズムの手順 1 を実装しましょう．ここでは，ソース点群 P_k の各点の対応点をターゲット点群 X から探すことが目的です．見つかった対応点の集まりを Y_k とします．k は ICP アルゴリズムの各手順の繰り返し回数です．Y_k は，X から選ばれた点で構成されており，選択された点の重複を許します．具体的には，4.2 節で説明した最近傍探索を使います．クエリを P_k を構成するすべての点とし，X に対して探索を適用して Y_k を得ます．この処理を

$$Y_k = C(P_k, X) \tag{4.8}$$

と表記します．単純には全数探索すればよいのですが，高速化のために，kd-tree による最近傍探索を利用します．

```
1   pcd_tree = o3d.geometry.KDTreeFlann(pcd_t)
2
3   idx_list = []
4   for i in range(len(pcd_s.points)):
5       [k, idx, _] = pcd_tree.search_knn_vector_3d(pcd_s.points[i], 1)
6       idx_list.append(idx[0])
7
8   np_pcd_t = np.asarray(pcd_t.points)
9   np_pcd_y = np_pcd_t[idx_list].copy()
```

ICP アルゴリズムの処理のループ中では，ターゲット点群に対する最近傍探索を何回も実行します．このため，あらかじめターゲット点群から kd-tree を構築しておきます（1 行目）．2 行目以降では，ソース点群を 1 点ずつクエリとして，最近傍点のインデックスをリストとして取り出す処理を実行しています．

ここでいったん，対応点のセット P_k, Y_k を確認してみましょう．対応点を線で結んで表示します（図 4.8）．

```
1   def GetCorrespondenceLines( pcd_s, pcd_t, idx_list ):
2
3       # 対応点ペアを生成
4       np_pcd_s = np.asarray(pcd_s.points)
5       np_pcd_t = np.asarray(pcd_t.points)
6       np_pcd_pair = np.concatenate((np_pcd_s,np_pcd_t))
7
8       # 始点と終点のidのリストを生成
9       lines = list()
10      n_points = len(pcd_s.points)
11      for i in range(n_points):
12          lines.append([i,n_points+idx_list[i]])
13
14      # linesetを生成
15      line_set = o3d.geometry.LineSet(
16          points=o3d.utility.Vector3dVector(np_pcd_pair),
17          lines=o3d.utility.Vector2iVector(lines),
18      )
19      return line_set
20
21  line_set = GetCorrespondenceLines( pcd_s, pcd_t, idx_list )
22  o3d.visualization.draw_geometries([pcd_s,pcd_t,line_set])
```

関数 GetCorrespondenceLines() では，ソース点群，ターゲット点群，ソースに対するターゲットの対応点のインデックスリストの 3 つを入力として，Open3D で可視化可能な LineSet を作成します．

緑がソース点群，青がターゲット点群です．ソース点群からターゲットの最近傍探索を実施したので，各緑点に対して最も近い青点が線で結ばれています．ソース点群の複数の点がターゲット点群の特定の点に集中している様子がわかります．位置合わせの初期段階では，このような結果になります．

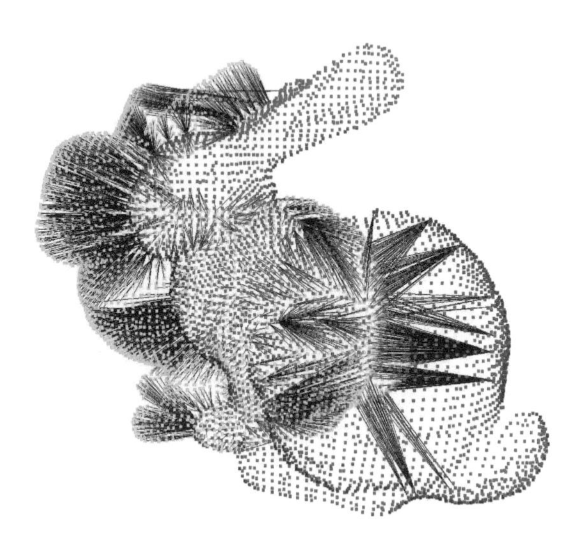

図 4.8 最近傍点の対応付けの結果．ソース点群の各点に対して最も近いターゲット点群が線で結ばれています

4.4.2 手順 2. 剛体変換の推定

次に，得られた対応点のセット P_k, Y_k の位置合わせ誤差を最小化する回転と平行移動を算出します．まずは回転について考えます．2 つの点群の各点からそれぞれの重心 $\boldsymbol{\mu}_p, \boldsymbol{\mu}_y$ を引いて，重心位置を原点に合わせます．重心の計算は次のとおりです．

$$\boldsymbol{\mu}_p = \frac{1}{n}\sum_{i=1}^{n}\mathbf{p}_i,\ \boldsymbol{\mu}_y = \frac{1}{n}\sum_{i=1}^{n}\mathbf{y}_i \tag{4.9}$$

重心が原点に合わせられた点群の任意の点は，$\mathbf{p}'_i = \mathbf{p}_i - \boldsymbol{\mu}_p, \mathbf{y}'_i = \mathbf{y}_i - \boldsymbol{\mu}_y$ です．今回の問題は次式を最大化する回転行列 R を求める問題といえます．

$$\sum_{i=1}^{n}\mathbf{y}'_i \cdot R\mathbf{p}'_i \tag{4.10}$$

これは，回転行列 R を構成する 9 個の成分を変数とした連立方程式といえます．簡単に解くことができそうですが，問題はそう単純ではありません．R は回転行列なので，行列の要素の直交性を保証しつつ，式 (4.10) を最大化する R を見つける必要があります．Horn[26]は，式 (4.10) を次のように単位四元数によって扱うと，回転行列の条件を満たした R が得られることを示しました．

$$\sum_{i=1}^{n}(qp'_iq^\dagger)\cdot y'_i \tag{4.11}$$

ここで，$q, q^\dagger$ は回転行列 R の四元数と共役四元数，p'_i, y'_i は $\mathbf{p}'_i, \mathbf{y}'_i$ の四元数です．これを，見通しがよくなるように変形します．

$$\sum_{i=1}^{n}(qp'_i q^\dagger)\cdot y'_i = \sum_{i=1}^{n}(qp'_i)\cdot(y'_i q) = \sum_{i=1}^{n}(\bar{P}'_i \mathbf{q})\cdot(Y'_i \mathbf{q}) \tag{4.12}$$

この変形では，四元数の積を行列とベクトルの積として書き表す方法（式 (2.26)，(2.27)）を使います．4×4 行列 $\bar{P}'_i, Y'_i$ は四元数 p'_i, y'_i の積を行列として書き直したものです．さらに，$\mathbf{q}$ は定数であることから，シグマの外に出すように式 (4.12) を変形します．

$$\sum_{i=1}^{n}(\bar{P}'_i\mathbf{q})\cdot(Y'_i\mathbf{q}) = \sum_{i=1}^{n}\mathbf{q}^\top \bar{P}'^\top_i Y'_i \mathbf{q} = \mathbf{q}^\top(\sum_{i=1}^{n}\bar{P}'^\top_i Y'_i)\mathbf{q} = \mathbf{q}^\top(\sum_{i=1}^{n}N_i)\mathbf{q} = \mathbf{q}^\top N_{py}\mathbf{q} \tag{4.13}$$

このように，目的関数は回転行列を表す単位四元数のベクトル $\mathbf{q}$ と 4×4 行列 N_{py} の積で表すことができました．ここで，行列 N_{py} について考えます．

まず，

$$N_i = \bar{P}'^\top_i Y'_i = \begin{pmatrix} 0 & p'_{x,i} & p'_{y,i} & p'_{z,i} \\ -p'_{x,i} & 0 & -p'_{z,i} & p'_{y,i} \\ -p'_{y,i} & p'_{z,i} & 0 & -p'_{x,i} \\ -p'_{z,i} & -p'_{y,i} & p'_{x,i} & 0 \end{pmatrix}\begin{pmatrix} 0 & -y'_{x,i} & -y'_{y,i} & -y'_{z,i} \\ y'_{x,i} & 0 & -y'_{z,i} & y'_{y,i} \\ y'_{y,i} & y'_{z,i} & 0 & -y'_{x,i} \\ y'_{z,i} & -y'_{y,i} & y'_{x,i} & 0 \end{pmatrix} \tag{4.14}$$

となるので，N_{py} については，

$$\begin{aligned} N_{py} &= \sum_{i=1}^{n} N_i \\ &= \begin{pmatrix} (s_{xx}+s_{yy}+s_{zz}) & s_{yz}-s_{zy} & s_{zx}-s_{xz} & s_{xy}-s_{yx} \\ s_{yz}-s_{zy} & (s_{xx}-s_{yy}-s_{zz}) & s_{xy}+s_{yx} & s_{xz}+s_{zx} \\ s_{zx}-s_{xz} & s_{xy}+s_{yx} & (-s_{xx}+s_{yy}-s_{zz}) & s_{yz}+s_{zy} \\ s_{xy}-s_{yx} & s_{zx}+s_{xz} & s_{yz}+s_{zy} & (-s_{xx}-s_{yy}+s_{zz}) \end{pmatrix} \end{aligned} \tag{4.15}$$

と書くことができます．ここで，行列の各成分は例えば，

$$s_{xx} = \sum p'_{x,i}y'_{x,i} \qquad s_{xy} = \sum p'_{x,i}y'_{y,i} \tag{4.16}$$

であり，2 つの点群の共分散行列を S_{py} で表すと，その成分になっていることがわかります．

結局のところ，今回の問題は $\mathbf{q}^\top N_{py}\mathbf{q}$ を最大化する単位四元数を考えればよいことになります．これは，対称行列 N_{py} の最大固有値に対する固有ベクトルです．固有ベクトルは単位ベクトルですから，位置合わせ誤差を最小化する単位四元数ということになります．

それでは，実装に入りましょう，ソース点群とターゲット点群から対称行列 N_{py} を計算し，固有値問題を解きます．はじめに，N_{py} の構成要素である，共分散行列を算出します．

上記では，2 つの点群の重心が 0 に合わせられている前提で説明していましたので，重心を

考慮した計算を行います．まず，2 つの点群 P_k, Y_k の重心を算出します．重心位置は，点群を open3d.geometry.PointCloud で扱っているときは get_center() で取り出すことができますが，後々の計算の都合で，点群データを NumPy の配列に変換してから計算します．

```
1  np_pcd_s = np.asarray(pcd_s.points)
2
3  mu_s = np_pcd_s.mean(axis=0)
4  mu_y = np_pcd_y.mean(axis=0)
```

次に，以下の式で表される共分散行列 S_{py} を計算します．

$$S_{py} = \frac{1}{n}\sum_{i=1}^{n}[(\mathbf{p}_i - \boldsymbol{\mu}_p)(\mathbf{y}_i - \boldsymbol{\mu}_y)^\top] = \frac{1}{n}\sum_{i=1}^{n}[\mathbf{p}_i\mathbf{y}_i^\top] - \boldsymbol{\mu}_p\boldsymbol{\mu}_y^\top \tag{4.17}$$

```
1  np_pcd_s = np.asarray(pcd_s.points)
2  covar = np.zeros( (3,3) )
3  n_points = np_pcd_s.shape[0]
4  for i in range(n_points):
5      covar += np.dot( np_pcd_s[i].reshape(-1, 1), np_pcd_y[i].reshape(1, -1) )
6  covar /= n_points
7  covar -= np.dot( mu_s.reshape(-1,1), mu_y.reshape(1,-1) )
8  print(covar)
```

S_{py} をもとに，4×4 の対称行列 N_{py} を作成します．実は，N_{py} の構成要素は次のように表すことができます．

$$N_{py} = \begin{bmatrix} \mathrm{tr}(S_{py}) & \Delta^\top \\ \Delta & S_{py} + S_{py}^\top - \mathrm{tr}(S_{py})I_3 \end{bmatrix} \tag{4.18}$$

$\mathrm{tr}(S_{py})$ は S_{py} の対角成分の総和，$\Delta = [A_{23}, A_{31}, A_{12}]^\top$ は $A_{ij} = (S_{py} - S_{py}^\top)_{ij}$ で構成されるベクトル，I_3 は 3×3 単位行列です．このように表現すると，実装がすっきりします．

```
1   A = covar - covar.T
2   delta = np.array([A[1,2],A[2,0],A[0,1]])
3   tr_covar = np.trace(covar)
4   i3d = np.identity(3)
5
6   N_py = np.zeros((4,4))
7   N_py[0,0] = tr_covar
8   N_py[0,1:4] = delta
9   N_py[1:4,0] = delta
10  N_py[1:4,1:4] = covar + covar.T - tr_covar*i3d
11  print(N_py)
```

N_{py} の最大固有値に対する固有ベクトルが $\mathbf{q}_R = [q_0, q_1, q_2, q_3]^\top$ に対応します．固有値の計算は numpy.linalg.eig()[注2]に任せます．w は固有値，v が固有ベクトルです．v において，最大固有値のインデックスの列成分が $\mathbf{q}_R$，すなわち位置合わせ誤差を最小化する回転を表す単位四元数です．取り出して回転行列に変換しましょう．

```
1  w, v = LA.eig(N_py)
2  rot = quaternion2rotation(v[:,np.argmax(w)])
3  print("固有値\n",w)
4  print("固有ベクトル\n",v)
5  print("最大固有値に対応する固有ベクトル\n", v[:,np.argmax(w)])
6  print("回転行列\n", rot)
```

平行移動成分は次式で計算できます．

$$\mathbf{q}_t = \boldsymbol{\mu}_y - R(\mathbf{q}_R)\boldsymbol{\mu}_p \tag{4.19}$$

```
1  trans = mu_y - np.dot(rot,mu_s)
```

4.4.3 手順 3. 物体の姿勢のアップデート

ここまでの処理で，レジストレーションベクトル $\mathbf{q}$ がわかりました．実際に点群を剛体変換させるときは 4×4 同次変換行列が簡単です．

```
1  transform = np.identity(4)
2  transform[0:3,0:3] = rot.copy()
3  transform[0:3,3] = trans.copy()
4  print("剛体変換行列\n", transform)
```

この同次変換行列を使えばソース点群はターゲット点群に近づくはずです．可視化してみましょう（図 4.9）．今回の変換で作成する点群は赤にします．

```
1  pcd_s2 = copy.deepcopy(pcd_s)
2  pcd_s2.transform(transform)
3  pcd_s2.paint_uniform_color([1.0,0.0,0.0])
4  o3d.visualization.draw_geometries([pcd_t, pcd_s, pcd_s2] )
```

もともとの緑の点群が変換され，位置合わせ対象の青の点群に近づいていることがわかりました．

注2　サンプルコードでは，numpy.linalg を省略名 LA として import しています．

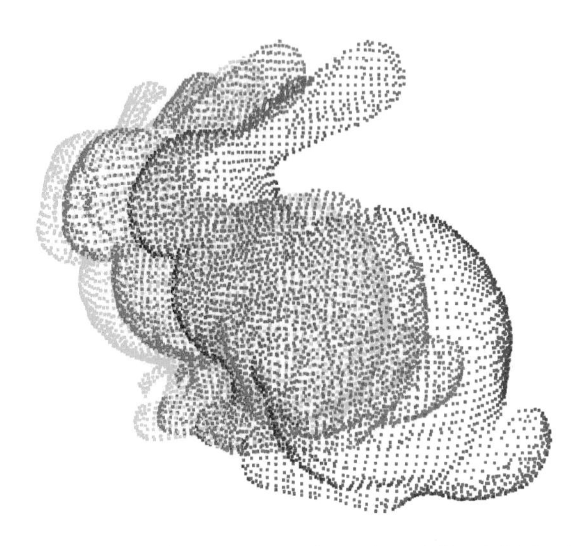

図 4.9　一度目の変換の結果．ソース点群がターゲット点群に近づきました

4.4.4 手順 4. 収束判定

後は，pcd_s2 を P_k として，終了条件を満たすまで手順 1〜手順 3 を繰り返します．終了条件には以下のものがよく使われます．

- ソース点群とターゲット点群の 2 乗誤差がしきい値以下になる．
- 指定しておいた最大の繰り返し回数に到達する．
- $k-1$ 番目と k 番目の剛体変換の差が小さい．

最初の条件は，あらかじめ決めた位置合わせ誤差以内に収束したかどうかをチェックできるので，この条件に当てはまって繰り返し演算が終了したときは，位置合わせが成功したことになります．残りの 2 つの条件は，決められた回数内での繰り返し演算で，位置合わせ誤差が十分小さくならなかった場合や，位置合わせ誤差の改善が起きなかった場合に該当します．この条件に当てはまって終了した場合は，所望の結果が得られたのかを確認する必要があります．

ここまでの処理を 1 つのクラスとして実装したサンプルコードは icp_registration.py です．このクラスを利用して ICP アルゴリズムを行うサンプルコードの実行方法は次のとおりです．第 1 引数に 0 を指定してください．

```
$ python run_my_icp.py 0
```

run_my_icp.py で重要なのは以下の部分です．

```
1  reg = ICPRegistration(pcd_s, pcd_t)
2  reg.set_th_distance( 0.003 )
3  reg.set_n_iterations( 100 )
4  reg.set_th_ratio( 0.999 )
5  pcd_reg = reg.registration()
```

クラス ICPRegistration では，ソース点群とターゲット点群を入力します．ICP アルゴリズムの繰り返し演算は registration() によって実行されます．set_th_distance(), set_n_iterations(), set_th_ratio() は繰り返しの終了条件を設定しています．set_th_distance() は平均距離 [m/pts.] のしきい値です．位置合わせ誤差がこの値を下回ったら終了します．set_n_iterations() は最大の繰り返し回数です．set_th_ratio() は位置合わせ誤差のアップデート量に対するしきい値です．(k 番目の誤差)/($k-1$ 番目の誤差) を計算し，この値が指定した値以上であった場合に繰り返し演算を終了します．

繰り返し演算中の位置合わせ誤差は，reg.d に配列として格納されていますので，以下のコードを追加すれば，その推移をグラフとして確認できます (図 4.10)．

```
1  import matplotlib.pyplot as plt
2  plt.ylabel("Distance [m/pts.]")
3  plt.xlabel("# of iterations")
4  plt.plot(reg.d)
```

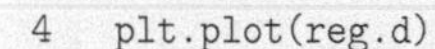

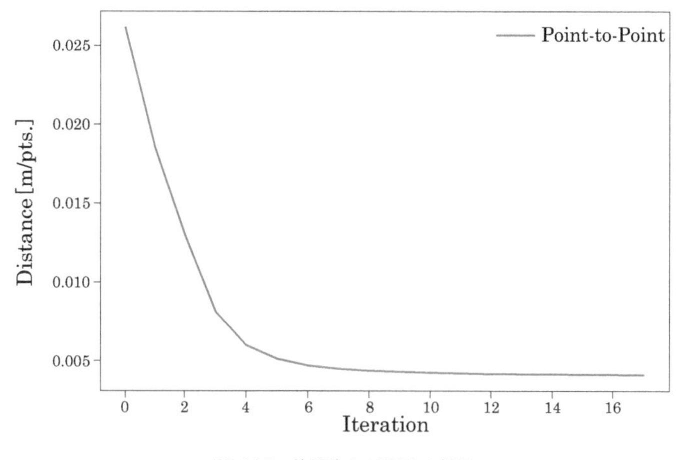

図 4.10　位置合わせ誤差の推移

ICP アルゴリズムの繰り返し演算によって，誤差が減少することを確認できました．最終的な位置合わせ結果の点群は pcd_reg に保存されています．確認しましょう．

```
1  pcd_reg.paint_uniform_color([1.0,0.0,0.0])
2  o3d.visualization.draw_geometries([pcd_t, pcd_reg] )
```

Open3D の ICP アルゴリズムの結果（図 4.7）と同様に，精度よく位置合わせできていることがわかりました．

最後に，各手順での位置合わせの様子をアニメーションとして可視化してみましょう．

```
1  import time
2  def visualize_icp_progress( reg ):
3
4      pcds = reg.pcds
5      indices = reg.closest_indices
6      pcd_t = reg.pcd_t
7
8      cnt = 0
9      pcd = o3d.geometry.PointCloud()
10     line_set = o3d.geometry.LineSet()
11     def reg( vis ):
12         nonlocal cnt
13
14         pcd.points = pcds[cnt].points
15         pcd.paint_uniform_color([1.0,0.0,0.0])
16         # 【可視化用】ソース点群とターゲット点群の対応点を結ぶ線を生成
17         lines = get_correspondence_lines( pcds[cnt], pcd_t, indices[cnt] )
18         line_set.lines = lines.lines
19         line_set.points = lines.points
20         vis.update_geometry( pcd )
21         vis.update_geometry( line_set )
22
23         cnt+=1
24         time.sleep(0.3)
25         if  len(pcds)-1 <= cnt:
26             cnt = 0
27
28     o3d.visualization.draw_geometries_with_animation_callback([pcd, pcd_t, line_set],
29                                                              reg, width=640, height=500)
30 visualize_icp_progress( reg )
```

0.3 秒おきに画面が更新されて，位置合わせ結果が徐々に改善されている様子を確認できました（図 4.11）．

図 4.11　位置合わせ結果が徐々に改善される様子

4.5 ICP アルゴリズムの実装 (Point-to-Plane)

Point-to-Plane の目的関数（式 (4.5)）は Point-to-Point のものと似ていますが，4.4.2 節で説明した方法では解くことができません．そこで，ICP アルゴリズムによる姿勢のアップデートが微小であると仮定して，求めたい回転行列を線形化することによって，最小化問題を解析的に解くアプローチをとります．

2.3.1 節で説明したロドリゲスの回転公式を変形すると，回転軸 $\mathbf{w}$，回転角 θ による回転は次のように表すことができます．

$$R(\theta, \mathbf{w}) = I_3 + \sin\theta W + (1 - \cos\theta)W^2 \tag{4.20}$$

ここで，行列 W はベクトル $\mathbf{w}$ による外積を行列積として計算するための歪対称行列です．

$$W = \begin{bmatrix} 0 & -w_3 & w_2 \\ w_3 & 0 & -w_1 \\ -w_2 & w_1 & 0 \end{bmatrix} \tag{4.21}$$

$\mathbf{w}$ と θ に微小な変動のみを仮定すると，$\sin\theta \approx \theta, \cos\theta \approx 1$ なので，回転行列が

$$R(\theta, \mathbf{w}) \approx I_3 + \theta W = I_3 + \begin{bmatrix} 0 & -\theta w_3 & \theta w_2 \\ \theta w_3 & 0 & -\theta w_1 \\ -\theta w_2 & \theta w_1 & 0 \end{bmatrix} \tag{4.22}$$

となります．ここで，$\mathbf{a} = \theta\mathbf{w}$ とするベクトルを導入すると，

$$R(\theta, \mathbf{w}) = I_3 + \begin{bmatrix} 0 & -a_3 & a_2 \\ a_3 & 0 & -a_1 \\ -a_2 & a_1 & 0 \end{bmatrix} \tag{4.23}$$

となり，この式は任意の 3 次元ベクトル $\mathbf{p}$ を使った外積で書き直せます．

$$R(\theta, \mathbf{w})\mathbf{p} = \mathbf{p} + \mathbf{a} \times \mathbf{p} \tag{4.24}$$

目的関数（式 (4.5)）に線形化した回転行列 (4.24) を代入します．

$$E(\mathbf{a}, \mathbf{t}) = \sum_{(\mathbf{x},\mathbf{p})\in\mathcal{K}} ((\mathbf{p} + \mathbf{a} \times \mathbf{p} + \mathbf{t} - \mathbf{x}) \cdot \mathbf{n}_x)^2 \tag{4.25}$$

次に，未知の要素を 6 次元ベクトル $\mathbf{u}^\top = [\mathbf{a}^\top \mathbf{t}^\top]$ でまとめて，スカラ三重積の性質に注意しながら，目的関数の括弧内を展開します．

$$E(\mathbf{a}, \mathbf{t}) = \sum_{(\mathbf{x},\mathbf{p})\in\mathcal{K}} ((\mathbf{p} \times \mathbf{n}_x)^\top \mathbf{a} + \mathbf{n}_x^\top \mathbf{t} - \mathbf{n}_x^\top (\mathbf{x} - \mathbf{p}))^2 \tag{4.26}$$

$$E(\mathbf{u}) = \sum_{(\mathbf{x},\mathbf{p})\in\mathcal{K}} ([(\mathbf{p} \times \mathbf{n}_x)^\top \mathbf{n}_x^\top]\mathbf{u} - \mathbf{n}_x^\top (\mathbf{x} - \mathbf{p}))^2 \tag{4.27}$$

$$\begin{aligned} E(\mathbf{u}) =& \mathbf{u}^\top \underbrace{\left(\sum_{(\mathbf{x},\mathbf{p})\in\mathcal{K}} \begin{bmatrix} (\mathbf{p} \times \mathbf{n}_x) \\ \mathbf{n}_x \end{bmatrix} \left[[(\mathbf{p} \times \mathbf{n}_x)^\top \quad \mathbf{n}_x^\top] \right] \right)}_{A\in\mathbb{R}^{6\times 6}} \mathbf{u} \\ & - 2\mathbf{u}^\top \underbrace{\left(\sum_{(\mathbf{x},\mathbf{p})\in\mathcal{K}} \begin{bmatrix} (\mathbf{p} \times \mathbf{n}_x) \\ \mathbf{n}_x \end{bmatrix} \mathbf{n}_x^\top (\mathbf{x} - \mathbf{p}) \right)}_{\mathbf{b}\in\mathbb{R}^6} \\ & + \underbrace{\left(\sum_{(\mathbf{x},\mathbf{p})\in\mathcal{K}} (\mathbf{x} - \mathbf{p})^\top \mathbf{n}_x \mathbf{n}_x^\top (\mathbf{x} - \mathbf{p}) \right)}_{\text{constant}} \end{aligned} \tag{4.28}$$

第 1 項の括弧内を 6×6 行列 A，第 2 項の括弧内を 6 次元ベクトル $\mathbf{b}$ とすると，$\mathbf{u}$ に関する 2 次形式の最小化問題が見えてきます．

$$\min(\mathbf{u}^\top A\mathbf{u} - 2\mathbf{u}^\top \mathbf{b}) \tag{4.29}$$

この解は $\mathbf{u}^* = A^{-1}\mathbf{b}$ です．$\mathbf{u}$ の前半 3 つの成分が回転成分 $\mathbf{a}$，後半 3 つが平行移動ベクトル $\mathbf{t}$ です．$\mathbf{a}$ を回転軸と回転角度に戻すために，$\theta = ||\mathbf{a}||$, $\mathbf{w} = \mathbf{a}/\theta$ を計算します．これらを式 (4.20) に代入すると，Point-to-Plane で計算した回転行列が得られます．

それでは，Point-to-Plane の目的関数による回転行列，平行移動ベクトルの推定を実装しましょう．実装が必要なのは A^{-1} と $\mathbf{b}$ です．

```
1  pcd1 = o3d.io.read_point_cloud( "data/bun000.pcd" )
2  pcd2 = o3d.io.read_point_cloud( "data/bun045.pcd" )
3
4  pcd_s = pcd1.voxel_down_sample(voxel_size=0.003)
5  pcd_t = pcd2.voxel_down_sample(voxel_size=0.003)
6
7  pcd_s.paint_uniform_color([0.0, 1.0, 0.0])
8  pcd_t.paint_uniform_color([0.0, 0.0, 1.0])
9  o3d.visualization.draw_geometries([pcd_s, pcd_t])
```

次に，ICP アルゴリズムの手順 1 を実装します．この処理は 4.4.1 節とほぼ同じですが，近傍点の法線群[注3]である np_normal_y を取り出す処理が追加されています．

```
1   pcd_tree = o3d.geometry.KDTreeFlann(pcd_t)
2
3   idx_list = []
4   for i in range(len(pcd_s.points)):
5       [k, idx, _] = pcd_tree.search_knn_vector_3d(pcd_s.points[i], 1)
6       idx_list.append(idx[0])
7
8   np_pcd_t = np.asarray(pcd_t.points)
9   np_pcd_y = np_pcd_t[idx_list].copy()
10  np_normal_t = np.asarray(pcd_t.normals)
11  np_normal_y = np_normal_t[idx_list].copy()
```

続いて手順 2 の実装です．行列 A とベクトル $\mathbf{b}$ を計算します．次のコードでは，見やすさのためにそれぞれ別の for 文で計算していますが，まとめて計算することもできます．

```
1   # 行列A
2   np_pcd_s = np.asarray(pcd_s.points)
3   A = np.zeros((6,6))
4   for i in range(len(np_pcd_s)):
5       xn = np.cross( np_pcd_s[i], np_normal_y[i] )
6       xn_n = np.hstack( (xn, np_normal_y[i]) ).reshape(-1,1)
7       A += np.dot( xn_n, xn_n.T )
8   print(A)
9
10  # ベクトルb
11  b = np.zeros((6,1))
12  for i in range(len(np_pcd_s)):
13      xn = np.cross( np_pcd_s[i], np_normal_y[i] )
14      xn_n = np.hstack( (xn, np_normal_y[i]) ).reshape(-1,1)
15      nT = np_normal_y[i].reshape(1,-1)
16      p_x = (np_pcd_y[i] - np_pcd_s[i] ).reshape(-1,1)
17      b += xn_n * np.dot(nT,p_x)
18  print(b)
```

注3 ここでは pcd2 として法線付きの点群を読み込んでいます．法線が割り当てられていない点群を扱う場合は，2.5 節で説明した方法などにより，法線を計算しておいてください．

A の逆行列と $\mathbf{b}$ の積を計算し，回転軸 $\mathbf{w}$ と回転角 θ を計算します．

```
1  u_opt = np.dot(np.linalg.inv(A),b)
2  theta = np.linalg.norm(u_opt[:3])
3  w = (u_opt[:3]/theta).reshape(-1)
4  print('w:',w)
5  print('theta:', theta)
```

$\mathbf{w}$ と θ から，回転行列を計算します．

```
1  def axis_angle_to_matrix( axis, theta ):
2
3      # 歪対称行列
4      w = np.array([[     0.0, -axis[2],  axis[1]],
5                    [ axis[2],      0.0, -axis[0]],
6                    [-axis[1],  axis[0],      0.0]
7                   ])
8      rot = np.identity(3) + (np.sin(theta)*w) \
9                                 + ((1-np.cos(theta))*np.dot(w,w))
10     return rot
11
12 rot = axis_angle_to_matrix( w, theta )
13 print(rot)
```

u_opt の後半 3 つの要素が平行移動ベクトルであることに注意して，同次変換行列を作成します．

```
1  transform = np.identity(4)
2  transform[0:3,0:3] = rot.copy()
3  transform[0:3,3] = u_opt[3:6].reshape(-1).copy()
4  print(transform)
```

得られた同次変換行列をソース点群に適用します．これを赤色で表示します．

```
1  pcd_s2 = copy.deepcopy(pcd_s)
2  pcd_s2.transform(transform)
3  pcd_s2.paint_uniform_color([1.0,0.0,0.0])
4  o3d.visualization.draw_geometries([pcd_t, pcd_s, pcd_s2] )
```

実行結果から，ターゲット点群に近づいたことがわかります．

これ以降は，4.4.3 節，4.4.4 節の手続きをふむことによって，ICP アルゴリズムを動作させることができます．

Point-to-Plane 型 ICP アルゴリズムの処理を 1 つのクラス ICPRegistration_PointTo

Plane として実装したサンプルコードは，icp_registration.py にあります．このクラスを利用して ICP アルゴリズムを行うサンプルコード (run_my_icp.py) の実行方法は次のとおりです．第 1 引数に 1 を指定してください．

```
$ python run_my_icp.py 1
```

図 4.12 は，Point-to-Point と Point-to-Plane の繰り返し演算における位置合わせ誤差の推移です．Point-to-Plane のほうが少ない回数で繰り返し演算が収束したことがわかります．

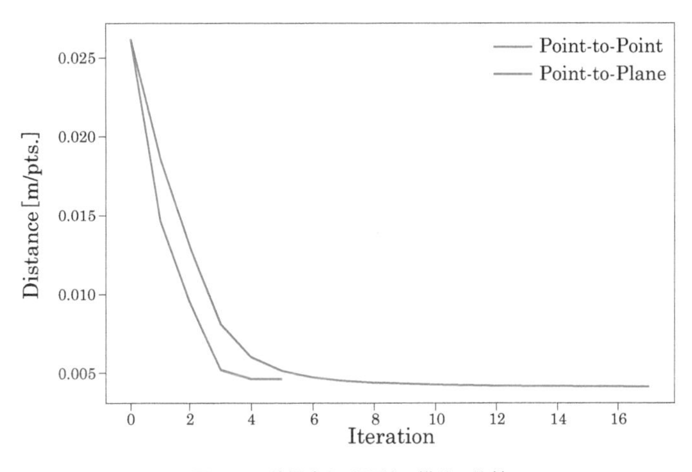

図 4.12　位置合わせ誤差の推移の比較

章末問題

問題 4.1

Open3D に実装されている kd-tree による近傍点探索では，条件に合った点数，見つかった点のインデックス，各点の 2 乗距離，の 3 つの情報が返されることがわかりました．これらのデータを確認し，見つかった点のインデックスと点の 2 乗距離の関係を調べてみましょう．

問題 4.2

kd-tree による近傍点探索によって，特定の点まわりに分布する点を効率よく抽出することが可能であることがわかりました．2.5.1 節の説明を参考に，抽出した近傍点を使って法線を推定するコードを実装してみましょう．

問題 4.3

4.3.2 節では，ICP アルゴリズムの目的関数として Point-to-Point と Point-to-Plane を紹介しました．いくつかの点群データに対して ICP アルゴリズムを適用し，2 種類の目的関数の性質の違いを調べましょう．

問題 4.4

4.4.4 節では，ICP アルゴリズムの繰り返し演算の収束判定に使われる 3 つの条件を説明しました．実は，収束時に該当した条件によっては精密な位置合わせ結果が得られているとは限らないことに注意が必要です．3 つの条件をポジティブな（精密な結果が得られたと判断してよい）ものとネガティブな（精密な結果が得られなかったかもしれないと判断すべき）ものに分けてみましょう．

問題 4.5

4.3 節で説明したとおり，ICP アルゴリズムは位置合わせ対象の点群が大まかに位置合わせされていることを前提としています．初期姿勢を変えながら ICP アルゴリズムを実行することによって，許容可能な位置姿勢のずれがどの程度であるのかということを調べてみましょう．

第5章

点群からの物体認識

これまでの章では，主に生データの物理特性に着目した低次な点群処理を扱ってきました．本章では，より高次な処理である「物体認識」を行う方法について紹介します．そもそも，「認識」とは何でしょうか．「認識」を英単語で表現すると Recognition —— すなわち，Cognition（認知）を再度行う，といった意味合いになっています．つまり，コンピュータビジョン分野の用語でいえば，「認識」とは，今見ているものを過去に見た（既知の）何かと結び付ける処理だといえます．結び付ける対象としては，物体の名称，姿勢，3 次元モデルデータなど，さまざまなものが挙げられます．あるいは，ある範囲のデータを指してそれが（背景とは分離可能な）1 つの物体であると知覚することも，「認識」であるといえましょう．この処理は領域分割（セグメンテーション）と呼ばれています．このようにさまざまな形での「物体認識」を点群データに対して行う処理について，以下，1 つ 1 つ紹介していきます．

5.1 特定物体認識と一般物体認識

狭義の物体認識は，入力データに対してラベルを出力する識別タスクを指すことが多いです．ラベルは，必要に応じてあらかじめ人間が決めておきます．例えば，「コップ」や「車」など，物体の一般名称を指すラベルが多く使われます．あるいは，たくさんの 3 次元モデルデータを集めたデータベースが存在する場合に，入力データの物体と一致するモデルを特定する（ID などを返す）ことも物体認識タスクの 1 つです．前者がカテゴリレベルの認識タスク，すなわち一般物体認識と呼ばれるのに対し，後者はインスタンスレベルの認識，すなわち特定物体認識と呼ばれます．いずれにしても，（識別タスクを指すところの）物体認識は以下の手順で実行されます．

1. ラベルが付与された 3 次元データを用意する．
2. 3 次元データから特徴量を抽出する．
3. 特徴量からラベルを推定する識別器を用意（学習）する．
4. 認識対象物体の 3 次元データから特徴量を抽出する．
5. 識別器を用いてラベルを推定する．

では，実際の 3 次元点群データを用いて物体認識を実行してみましょう．ここでは，思いつく限り最も簡単な例と手法を試してみます．まず，下記を実行して「手順 1：ラベルが付与された 3 次元データを用意する」を行います．

```
1  import os
2
3  dirname = "rgbd-dataset"
4  classes = ["apple", "banana", "camera"]
5  url="https://rgbd-dataset.cs.washington.edu/dataset/rgbd-dataset_pcd_ascii/"
6  for i in range(len(classes)):
7      if not os.path.exists(dirname + "/" + classes[i]):
8          os.system("wget " + url + classes[i] + "_1.tar")
9          os.system("tar xvf " + classes[i] + "_1.tar")
```

これを実行すると，有名な 3 次元点群データセット RGB-D Object Dataset の一部のデータがダウンロードされます．RGB-D Object Dataset は，2011 年に Kevin Lai ら [38]によって公開されたベンチマークデータセットで，2010 年に発売開始された Microsoft Kinect センサのプロトタイプを用いて撮影された，全 51 カテゴリ 300 個の物体の 3 次元データからなるデータセットです．3 次元データとして，RGBD 画像および PCD 形式の点群データが提供されていますが，今回は後者の点群データを扱います．なお，データセット全体の容量が大きいため，今回は“apple”，“banana”，“camera”カテゴリから1個ずつのインスタンスのみをダウンロードして用います．

次に，「手順2：3次元データから特徴量を抽出する」から「手順4：認識対象物体の3次元データから特徴量を抽出する」までを行います．今回の例では，「手順3：特徴量からラベルを推定する識別器を用意（学習）する」を簡略化し，$k = 1$ の k 最近傍法を用いることにします．すなわち，認識対象物体の特徴量とデータベース内の全物体の特徴量との類似度を計算し，最も類似度の高いデータベース物体のラベルを出力するという戦略です．まずは，特徴抽出関数を定義しましょう．

```
1   import open3d as o3d
2   import numpy as np
3
4   def extract_fpfh( filename ):
5       print (" ", filename)
6       pcd = o3d.io.read_point_cloud(filename)
7       pcd = pcd.voxel_down_sample(0.01)
8       pcd.estimate_normals(
9           search_param = o3d.geometry.KDTreeSearchParamHybrid(radius=0.02, max_nn=10))
10      fpfh = o3d.pipelines.registration.compute_fpfh_feature(pcd,
11          search_param = o3d.geometry.KDTreeSearchParamHybrid(radius=0.03, max_nn=100))
12      sum_fpfh = np.sum(np.array(fpfh.data),1)
13      return( sum_fpfh / np.linalg.norm(sum_fpfh) )
```

関数 extract_fpfh() はファイルから点群データを読み込み，ダウンサンプリングと法線ベクトル推定を行った後に，各点から，3.3.3節で紹介したFPFH特徴量を抽出します．FPFH特徴量は33次元の局所特徴量ですが，今回は，点群データ全体を1つの物体として認識するために，点群データ全体から大域特徴量を抽出する必要があります．そこで，（最も単純な方法ではありますが）12行目ですべての点から抽出されるFPFH特徴量を総和し，13行目で特徴量のノルムを1に正規化して返します．

さて，先にダウンロードした3個の物体の点群データに対して特定物体認識を実行してみましょう．先のシェルスクリプトを実行すると，rgbd-dataset フォルダ以下に，“apple_1”，“banana_1”，“camera_1”の各物体につき600個以上の点群データが格納されます．これらの点群データはすべて同じ物体を異なる角度（姿勢）で撮影したデータです．データ撮影には回転台が使われており，方位角 (Azimuth) を細かく変化させるだけでなく，3パターンの高度角 (Elevation) で撮影されています．各点群データのファイル名は，例えば apple_1_x_y.pcd といったものになっており，x が高度角のレベルを，y が方位角のレベルを示しています．下記のコードは，これらの点群データのうち100個を学習データ，別の100個をテストデータとして読み込み，特徴量を抽出します．

```
1   nsamp = 100
2   feat_train = np.zeros( (len(classes), nsamp, 33) )
3   feat_test = np.zeros( (len(classes), nsamp, 33) )
4
5   for i in range(len(classes)):
6       print ("Extracting train features in " + classes[i] + "...")
7       for n in range(nsamp):
8           filename = dirname + "/" + classes[i] + "/" + classes[i] + \
9                       "_1/" + classes[i] + "_1_1_" + str(n+1) + ".pcd"
10          feat_train[ i, n ] = extract_fpfh( filename )
11      print ("Extracting test features in " + classes[i] + "...")
12      for n in range(nsamp):
13          filename = dirname + "/" + classes[i] + "/" + classes[i] + \
14                      "_1/" + classes[i] + "_1_4_" + str(n+1) + ".pcd"
15          feat_test[ i, n ] = extract_fpfh( filename )
```

ここでは，高度角レベルが 1 のデータを学習データとし，高度角レベルが 4 のデータをテストデータとしています．学習データおよびテストデータの特徴量は，それぞれ 10 行目と 15 行目で変数 feat_train および feat_test に格納されます．

最後に，「手順 5：識別器を用いてラベルを推定する」を行います．前述のとおり，ここでは最も単純な方法である $k = 1$ の k 最近傍法を用います．学習データの点群データもテストデータの点群データも，それぞれが同様に 33 次元の特徴ベクトルで表されています．今回は，2 つの点群データの類似度としてベクトルの内積を用います．以上の処理を行うコードを下記に示します．

```
1   for i in range(len(classes)):
2       max_sim = np.zeros((3, nsamp))
3       for j in range(len(classes)):
4           sim = np.dot(feat_test[i], feat_train[j].transpose())
5           max_sim[j] = np.max(sim,1)
6       correct_num = (np.argmax(max_sim,0) == i).sum()
7       print ("Accuracy of", classes[i], ":", correct_num*100/nsamp, "%")
```

変数 max_sim は，すべてのテストデータに対して，5 行目で，j 番目の物体の全学習データの中で最も近いデータとの類似度を格納しています．この類似度が最も高いクラスが推定されたラベルとなります．6 行目では，各テストデータの推定ラベルが，そのテストデータ本来のラベル（i）に一致する場合の個数を計算し，7 行目でその結果を標準出力に出力しています．

以上の処理内容をまとめたサンプルコードを実行しましょう．

```
$ cd $YOURPATH/3dpcp_book_codes/section_object_recognition
$ python o3d_object_classification.py
```

すると，“apple”，“banana”，“camera” の認識率がそれぞれ 98.0%，89.0%，83.0% であったという結果が得られるでしょう．

さて，今試した「特定物体認識」は「物体認識」の中では比較的容易なタスクではありますが，それでもある程度の難しさがあるということがわかったでしょうか．たとえ同一の物体を撮影したデータであっても，異なる環境や状況で撮影すれば，データの数値が完全に一致することはほぼありえません．データを変化させる要因として，例えば下記の項目が挙げられます．

1. 照明環境の違いによる色の変化
2. センサから物体までの距離の違いによる解像度の変化
3. センサのノイズ
4. 前景に存在する障害物による隠れ（オクルージョン）
5. 物体の姿勢変化

今回の例では，特に 5 番目の要因により学習（参照用）データとテストデータが異なりました．今回使用した FPFH 特徴量は回転不変の特徴量なので，理論的には，物体の姿勢変化に頑健です．しかし，今回扱った点群データは完全な 3 次元データではなく，単一視点から撮影するため，物体の裏側に計測点が存在しない，いわゆる「2.5 次元データ」です．すなわち，物体の姿勢が異なれば点群データの存在する物体表面の範囲が変わってしまうため，データが変化するのです．

次に，一般物体認識について説明します．特定物体認識はインスタンスレベルの認識であり，（各インスタンスを表す）ラベルと物体が一対一の対応であったのに対し，一般物体認識はカテゴリレベルの認識，すなわち，（各カテゴリを表す）ラベルと物体が一対多の対応になっています．例えば，「りんご」というカテゴリのラベルに対してさまざまな色や形を持つりんごのデータが学習データとして与えられ，テスト時には，学習データの中に存在しない未知のりんごのデータに対して「りんご」というラベルを出力する，というのが一般物体認識タスクです．物体の個体の特徴を細かく記述できることが望ましい特定物体認識とは異なり，一般物体認識では，カテゴリ内の物体に共通する，より抽象的な特徴をとらえることがカギとなります．昨今の深層学習ベースの手法は，タスクに合わせた特徴抽出を学習することになるため，特定物体認識と一般物体認識の違いをあえて意識する必要があまりないかもしれません．本節では，深層学習以前のアプローチによって 3 次元点群からの一般物体認識に取り組んだ研究例を 2 例紹介します．

まず 1 つ目は，大渕らの 3 次元物体検索の研究 [53]です．3 次元物体検索は，ある未知の 3 次元物体データが与えられたとき，形状が類似した 3 次元物体データをデータベースから検索し，類似度の高い順に検索結果を出力するというタスクです．タスクの性能評価は，検索された物体のカテゴリが入力物体のカテゴリと一致する場合を正解，そうでない場合を不正解としたときの評価値（例えば，精度と再現率）によって評価します．一般物体識別タスクでは出力がカテゴリラベルそのものであったのに対し，物体検索タスクはデータベース内の類似物体のデータであるという点では異なりますが，両者ともにカテゴリごとに共通する特徴をとらえることが重要となるため，非常に似たアプローチをとることになります．それでは，カテゴリごとに共通する形状の特徴量として，どのような特徴量を抽出すればよいでしょうか．大渕らの研究では，当時（深層学習以前）一般物体認識を行うための特徴抽出手法として主流であった Bag-Of-Features (BoF) [15]という手法を使っています．BoF の処理の流れ（図 5.1）を下記に示します．

手順 1. データベース内の物体データから点をサンプリングする．
手順 2. 各点における局所特徴量を抽出する．
手順 3. すべての局所特徴量に対して k-means クラスタリングを行う．
手順 4. 各クラスタ中心（visual word）の集合を visual codebook とする．
手順 5. 入力データから点をサンプリングする．
手順 6. 各点における局所特徴量を抽出し，最近傍の visual word に割り当てる．
手順 7. 各 visual word に割り当てられた点の個数を数え上げ，ヒストグラムを作る．

このようにして，BoF は各物体データから k 次元のヒストグラムを特徴量として抽出します．局所特徴量としては，例えば，2 次元画像から抽出する局所特徴量の中でも最も有名な SIFT 特徴量 [44]がよく使われます．大渕らの研究では，主成分分析を用いて 3 次元モデルの主軸を求め，姿勢を正規化した上で複数視点からの画像をレンダリングし，それらの画像から SIFT 特徴を抽出しています．そして，異なる 2 つの物体データ（クエリとなる入力データと任意のデータベース内物体のデータ）の BoF 特徴量の類似度を KL ダイバージェンスによって求めます．ヒストグラム同士を比較する類似度としては，他にも，カイ 2 乗（χ^2）距離などが有効であることが知られています．なお，物体検索タスクでは物体間の類似度計算が用いられますが，カテゴリラベルを直接出力する物体識別タスクでは，例えばサポートベクトルマシン (SVM) やランダムフォレストといった識別器の学習が別途必要となります．

もう 1 つの研究例として，Lai らの手法 [37]を紹介します．この研究では，カテゴリレベルの一般物体認識，インスタンスレベルの特定物体認識，そして特定の物体がどのような姿勢であるかを認識する姿勢認識のすべてが，独立のタスクではなく徐々に枝分かれする木のような構造で表せることに注目し，これらを同時に扱うフレームワーク Object-Pose Tree (OP-Tree) を提案しています（図 5.2）．ここでは前述の RGB-D Object Dataset が使われて

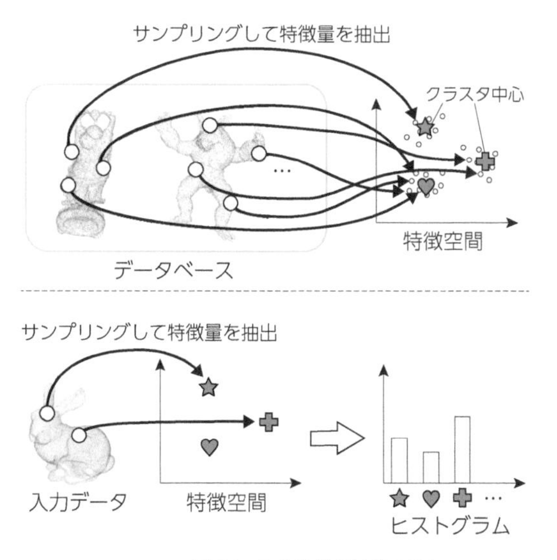

図 5.1 BoF 特徴量抽出の流れ

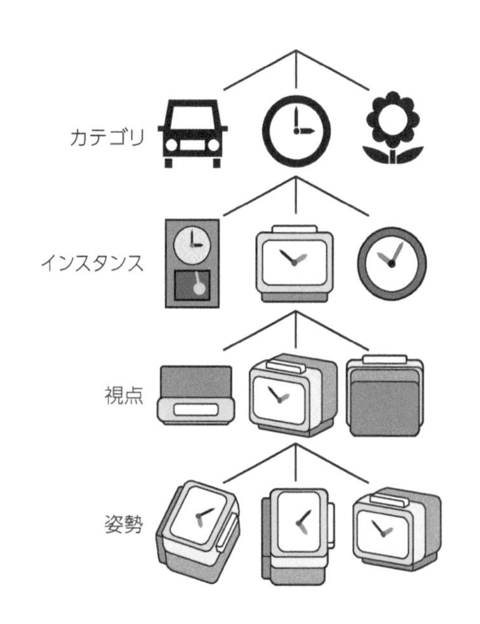

図 5.2 OP-Tree の概要図．文献[37]を参考に作成

います．データセットの i 番目のサンプルは 1 枚の RGBD 画像 x_i であり，これにカテゴリ y_i^C，インスタンス y_i^I，視点 (view)y_i^V，姿勢 y_i^P のラベル情報が付加されています．x_i を表す特徴量として SIFT 特徴量の（BoF 特徴量とは少し異なる）統計量を計算し，この特徴量に対して各ラベルを線形識別器で識別します．あるサンプル x_i が入力されたとき，最初にそのサンプルのカテゴリラベル y_i^C を推定します．そして，その推定されたカテゴリに紐付いたインスタンスを OP-Tree によって調べ，それらのインスタンス候補の中で最も確からしいものをインスタンス識別器により推定します．このようにして，物体の視点，そして姿勢までを順々に識別していきます．学習時は，識別器の出力ラベルの誤りをすべての識別器について総和した値を損失関数とし，確率的勾配降下法により全識別器のパラメータを最適化します．このように，物体を認識する上で階層的な構造を取り入れることは，拡張可能なシステムを構築する上で重要なアプローチであるといえるでしょう．

5.2 特定物体の姿勢推定

画像中に写った物体の 3 次元的な位置姿勢（並進と回転の合計 6 パラメータ）の推定は，古くから研究されてきた，コンピュータビジョン分野における基本的な課題の 1 つです．3 次元位置姿勢（以降，単に姿勢と記述します）を認識することができれば，ロボットアームによって，その物体をつかんだり操作できます．また，カメラの動きに合わせてリアルな CG を画像に合成する，いわゆる AR アプリケーションや，異なる視点で撮影された点群同士を貼り合わせて大規模な環境地図を生成することも可能になります．

本節では，広く利用されている特徴点マッチングを題材として，異なる視点で撮影された 2 つの点群を入力として，これらを貼り合わせるためのアルゴリズムを紹介します．

特徴点マッチングの目的は，入力された 2 つの点群（ソース，ターゲットとします）を貼り合わせる変換行列を求めることです．変換行列は，4×4 の同次変換行列 $T = [R, \mathbf{t}; \mathbf{0}, 1]$ で表現されることが一般的です．ここで，R は 3×3 の回転行列，$\mathbf{t}$ は 3×1 の平行移動ベクトルです．第 4 章で紹介した ICP アルゴリズムの目的もこれと同様ですが，ICP アルゴリズムは 2 つの点群の初期位置がかなり近いことを前提としていますが，特徴点マッチングではそれを仮定していません．より一般的なシーンで利用できる利点があります．推定する位置姿勢の精度が求められる場合は，特徴点マッチングで得られた位置姿勢を初期値として，ICP アルゴリズムを適用することが多いです．

5.2.1 特徴点マッチングによる 6 自由度姿勢推定

物体の位置姿勢は 6 自由度であるため，その探索空間は膨大です．ソースの位置姿勢を逐次変更しながらターゲットと照合すると計算コストが非常に高くなるため，現実的ではありません．

そこで，ソースとターゲットのよく似た部分的な領域を見つけ出して，その情報をもとに姿勢を計算します．部分的な領域の類似性を計算するので，効率的な姿勢計算が可能になります．これが特徴点マッチングによる姿勢推定です．この手法は下記の 4 つの手順で処理が行われます．

手順 1. 特徴点検出
手順 2. 特徴量記述
手順 3. 対応点探索
手順 4. 姿勢計算

各手順を Open3D によって実装しましょう．

5.2.2 特徴点検出

まずは，ソースとターゲットの両データに対して特徴点を検出します．特徴点に関しては，ISS（3.1.2 節参照）のように物体表面の凹凸部分をもとに特徴点を検出する手法や，単に等間隔にサンプリングを行った点を特徴点とする手法が存在します．ISS に関しては第 3 章に説明がありますので，今回は等間隔サンプリングによって特徴点を選択しましょう．ここでは，

Voxel Grid Filter を利用します．

5.2.3 特徴量記述

特徴量記述は特徴点に対してその特徴点らしさを表現する情報（アイデンティティ）を付与する処理です．特徴点まわりの形状をもとに計算した多次元ベクトルを特徴量とすることが一般的です．特徴量に関する説明は第3章にあります．今回は，FPFH 特徴量を利用します．

特徴点検出と特徴量記述は，ソースとターゲットの両方の点群に適用する処理なので，ここでは関数として実装します．まずはマッチング対象の点群を読み込んで表示しましょう．

```
1  path = "../3rdparty/Open3D/examples/test_data/ICP/"
2  source = o3d.io.read_point_cloud(path+"cloud_bin_0.pcd")
3  target = o3d.io.read_point_cloud(path+"cloud_bin_1.pcd")
4
5  source.paint_uniform_color([0.5,0.5,1])
6  target.paint_uniform_color([1,0.5,0.5])
7  initial_trans = np.identity(4)
8  initial_trans[0,3] = -3.0
9
10 def draw_registration_result( source, target, transformation ):
11     pcds = list()
12     for s in source:
13         temp = copy.deepcopy(s)
14         pcds.append( temp.transform(transformation) )
15     pcds += target
16     o3d.visualization.draw_geometries(pcds, zoom=0.3199,
17                                       front = [0.024, -0.225, -0.973],
18                                       lookat = [0.488, 1.722, 1.556],
19                                       up = [0.047, -0.972, 0.226])
20
21 draw_registration_result( [source], [target], initial_trans)
```

draw_registration_result() は，点群を画面表示するための関数です．第1引数の点群（リストとして渡します）を第3引数の姿勢変換のための行列によって変換し，第2引数の点群（こちらもリストとして渡します）と同時に表示します．ここでは，見やすさのためにソースを x 軸方向に -3.0 だけ平行移動しています．

次に，これら2つの点群から，特徴点を検出し，特徴量を計算しましょう．

```
1  def keypoint_and_feature_extraction( pcd, voxel_size ):
2
3      keypoints = pcd.voxel_down_sample(voxel_size)
4
5      viewpoint = np.array([0.,0.,0.], dtype='float64')
6      radius_normal = 2.0*voxel_size
```

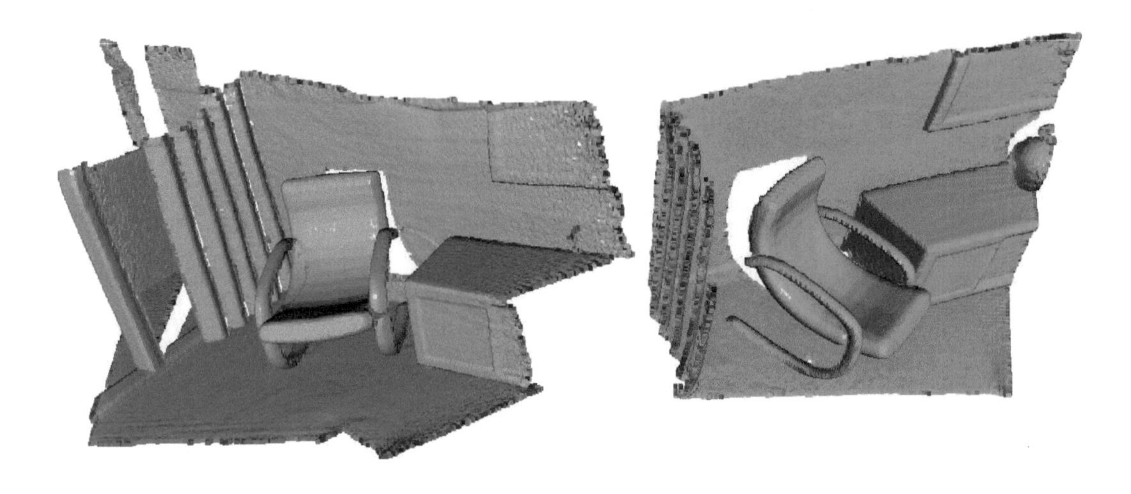

図 5.3　ソースとターゲット

```
7       keypoints.estimate_normals(
8           o3d.geometry.KDTreeSearchParamHybrid(radius=radius_normal, max_nn=30))
9       keypoints.orient_normals_towards_camera_location( viewpoint )
10
11      radius_feature = 5.0*voxel_size
12      feature = o3d.pipelines.registration.compute_fpfh_feature(
13          keypoints,
14          o3d.geometry.KDTreeSearchParamHybrid(radius=radius_feature, max_nn=100))
15      return keypoints, feature
16
17  voxel_size = 0.1
18  s_kp, s_feature = keypoint_and_feature_extraction( source, voxel_size )
19  t_kp, t_feature = keypoint_and_feature_extraction( target, voxel_size )
```

関数 keypoint_and_feature_extraction() は引数として pcd と voxel_size をとります．pcd はこの処理を適用する点群であり，voxel_size は Voxel Grid Filter のボクセルサイズ，すなわち，検出する特徴点の間隔です．3 行目で Voxel Grid Filter によって間引いた点群を特徴点とします．5〜9 行目は点群に対して法線を計算しています．まず，法線を計算するための範囲として，間引いたデータの倍の半径を指定し，その範囲内で最大 30 点を使って計算する設定にしています．9 行目は適当な視点（カメラ視点の場合が多いですが，今回は原点としています）を仮定し，その方向に法線が向くように法線方向に反転処理を適用しています．

11〜14 行目で特徴量を計算しています．特徴量の計算範囲は，その後の処理の性能に大きな影響を与えるため重要です．特徴量を計算するために十分な点数や範囲を含むことを意識して設定しましょう．ここでは，特徴点の間隔の 5 倍の距離を限度とした球領域に含まれる点のうち，近いものから順に最大100点を選択することにしました．12行目で使っている関数は，特徴点と計算範囲のみを入力としてFPFH特徴量を計算しています．本来，FPFH特徴量を計算するには，特徴点，特徴量を計算するために使う点群（特徴点を選ぶ前の元の点群），計算範囲の3つの情報が必要です．この関数では，特徴点から特徴量を計算していることになるので，厳密にはFPFH特徴量の計算方法とは異なります．しかし，特徴点をVoxel Grid Filterで算出している（元の点群とほぼ同じ空間分布の点群を使っている）ため，特徴点まわりの形状をまんべんなく使用したFPFH特徴量が得られます．ちなみに，Point Cloud Library (PCL)の3次元特徴量計算の関数は，特徴点と特徴量を計算するために使う点群を分けて入力するように実装されています．

特徴点を緑に着色して，元の点群と一緒に表示します（図5.4）．

```
1  s_kp.paint_uniform_color([0,1,0])
2  t_kp.paint_uniform_color([0,1,0])
3  draw_registration_result([source,s_kp], [target,t_kp], initial_trans)
```

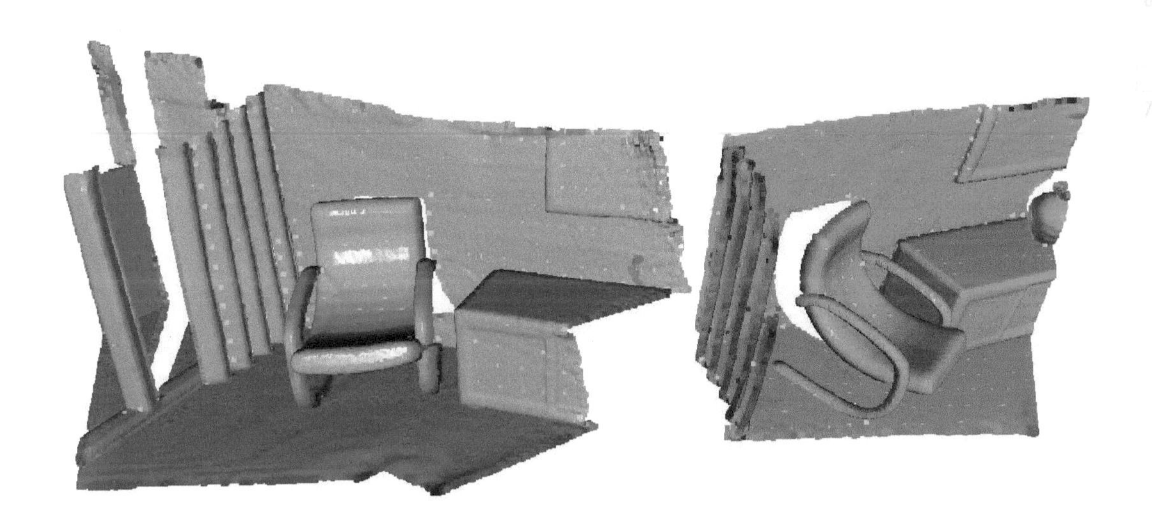

図5.4　ソースとターゲットから検出された特徴点

図5.4のとおり，元の点群に対してまんべんなく特徴点を選択できました．

5.2.4 対応点探索

この手順の目的は物体モデルと入力シーン間で物理的に同一の地点を指す座標同士の対応を得ることです．このために両特徴量のノルムを計算します．ノルムが最も小さい特徴点のペアが対応点になりますが，誤った対応点を含んでしまう場合があります．

この解決法には，いくつかの方法が存在します．まずは，最も単純な方法として，特徴量間のノルムにしきい値を設定する方法があります．しきい値以下のノルムが得られた場合に対応点と見なします．

しかし，点群には，センサノイズや，オクルージョンによる部分的な欠損が存在しうるので，しきい値設定は簡単でない場合があります．他の方法としては，双方向チェックがあります．ソースからターゲットへマッチングした場合のベストマッチとターゲットからソースへマッチングした場合のベストマッチが同一であった場合に対応点と見なす方法です．ノルムが比較的大きかったとしても，双方向のベストマッチが一致すれば，それらの特徴点は物理的同一地点を指している可能性が高いでしょう．

さらに，Ratio Test と呼ばれる方法があります．この方法では，最近傍のノルムが他と比べて際立って小さいかどうかを調べます．具体的には，最近傍のノルム (A とします) と第 2 位のノルム（B とします）間の比 (A/B) を計算し，A/B がしきい値以下の場合に対応点とする方法です．ノルムが小さかったとしても，他にも類似した特徴量を持つ特徴点があった場合は誤対応かもしれません．Ratio Test ではそういった対応点候補を棄却できます．今回は，Ratio Test を試してみましょう．

```
1  np_s_feature = s_feature.data.T
2  np_t_feature = t_feature.data.T
3
4  corrs = o3d.utility.Vector2iVector()
5  threshold = 0.9
6  for i,feat in enumerate(np_s_feature):
7      distance = np.linalg.norm( np_t_feature - feat, axis=1 )
8      nearest_idx = np.argmin(distance)
9      dist_order = np.argsort(distance)
10     ratio = distance[dist_order[0]] / distance[dist_order[1]]
11     if ratio < threshold:
12         corr = np.array( [[i],[nearest_idx]], np.int32 )
13         corrs.append( corr )
14
15 print("対応点セットの数：", (len(corrs)) )
```

1，2 行目では，特徴量ベクトルを取り出して $(n, 33)$ 行列を作成しています．4 行目の変数 corrs は対応点のセットを保存するための変数です．ソース，ターゲット双方の特徴点のインデックスを保持します．6 行目の for 文内では，ソースの特定の特徴点の特徴量と，ターゲットの特徴量の L2 ノルムを計算しています．ノルムが小さいものから 1 位と 2 位の比を計算して，変数 threshold 以下であれば，正しい対応点セットと見なして，ソース，ターゲットのインデックスを保存します．

5.2.5 姿勢計算

対応点探索によって，複数個のソースとターゲットの同一地点のペア（対応点）が得られます．この手順では，対応点を使ってソースをターゲットに位置合わせする変換を推定します．ここで注意すべきことは，対応点セットには誤りを含む可能性があるということです．対応点探索の手順で，Ratio Test を使ったとしても，誤対応点を完全に排除することは困難です．そこで，頑健な推定法として有名な RANdom SAmple Consensus (RANSAC) を利用することにします．

5.2.6 RANdom SAmple Consensus (RANSAC)

RANdom SAmple Consensus (RANSAC) は，点群処理以外にも広く使われている頑健な推定法の一種です．外れ値が含まれた観測値から，その影響を抑えつつ，モデルパラメータを推定します．ここでは，2 次元の点列から直線のパラメータ（傾きと切片）を算出する例をもとに，RANSAC の考え方について簡単に説明します．図 5.5 (a) は初期状態の点列です．ここでは，$y = 0.5x + 2.0$ からサンプリングした 50 点にガウシアンノイズ[注1]を付加し，さらにランダムな外れ値を 40 点追加した状態です．90 点すべてを用いて最小 2 乗法を用いて求めた傾きと切片をもとに直線を描画した例が図 5.5 (b) です．推定したパラメータが外れ値の影響を受けていることがわかります．RANSAC では，以下の 2 つの処理を繰り返すことによって，観測データによりよくフィットしたパラメータを推定します．

1. サンプリング：ランダムに数個の計測点を選択し，モデルパラメータ（傾きと切片）を推定します．
2. 評価：得られたモデルパラメータのよさを評価します．例えば，得られた直線から一定の距離（マージン）内にあるデータ点の個数（インライア）を数え，その数をパラメータのよさとします．

図 5.5 (c)(d) はサンプリングの例です．図 5.5 (c) はサンプリングした点（赤色）が外れ値を含むので，黒線で描画したマージン内のインライア点数が少ないです．図 5.5 (d) は比較的よい点をサンプリングしたときの結果です．マージン内に多くの点が含まれていることがわかります．

RANSAC ではサンプリング処理のときに，外れ値を除いたデータのみを引き当てることを期待しています．もし，そのようなサンプリングができれば，理想的なモデルパラメータを算出できるからです．それでは，RANSAC を使った姿勢推定を行いましょう．

注1　正規分布（ガウス分布）に基づく確率的な変動のことです．

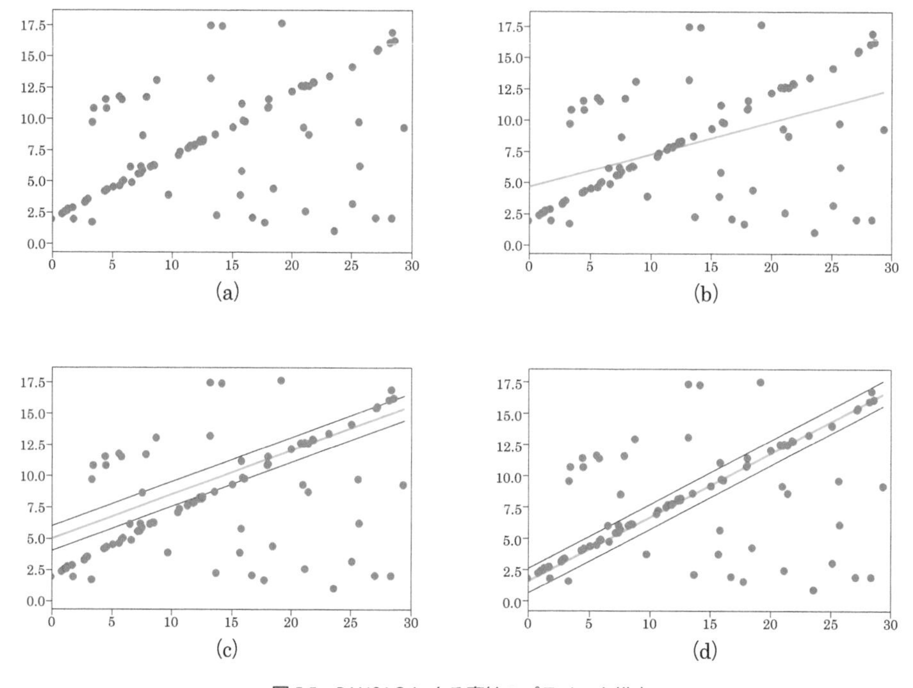

図 5.5　RANSAC による直線のパラメータ推定

5.2.7 RANSAC による姿勢計算

誤りを含んでいる対応点セットから，正しい対応点のみを取り出して姿勢計算を行います．まずは，対応点探索で得られたすべての対応点を確認してみましょう．

```
1   def create_lineset_from_correspondences( corrs_set, pcd1, pcd2,
2                                            transformation=np.identity(4) ):
3       pcd1_temp = copy.deepcopy(pcd1)
4       pcd1_temp.transform(transformation)
5       corrs = np.asarray(corrs_set)
6       np_points1 = np.array(pcd1_temp.points)
7       np_points2 = np.array(pcd2.points)
8       points = list()
9       lines = list()
10
11      for i in range(corrs.shape[0]):
12          points.append( np_points1[corrs[i,0]] )
13          points.append( np_points2[corrs[i,1]] )
14          lines.append([2*i, (2*i)+1])
15
16      colors = [np.random.rand(3) for i in range(len(lines))]
17      line_set = o3d.geometry.LineSet(
18          points=o3d.utility.Vector3dVector(points),
19          lines=o3d.utility.Vector2iVector(lines),
20      )
```

```
21        line_set.colors = o3d.utility.Vector3dVector(colors)
22        return line_set
23
24
25    line_set = create_lineset_from_correspondences( corrs, s_kp, t_kp,
26                                                    initial_trans )
27    draw_registration_result([source,s_kp],
28                             [target,t_kp, line_set],
29                             initial_trans)
```

対応点をランダムに設定した色の直線で描画しています（図 5.6）．関数 create_lineset_from_correspondences() では，Open3D の visualizer で表示可能な直線群を作成しています．

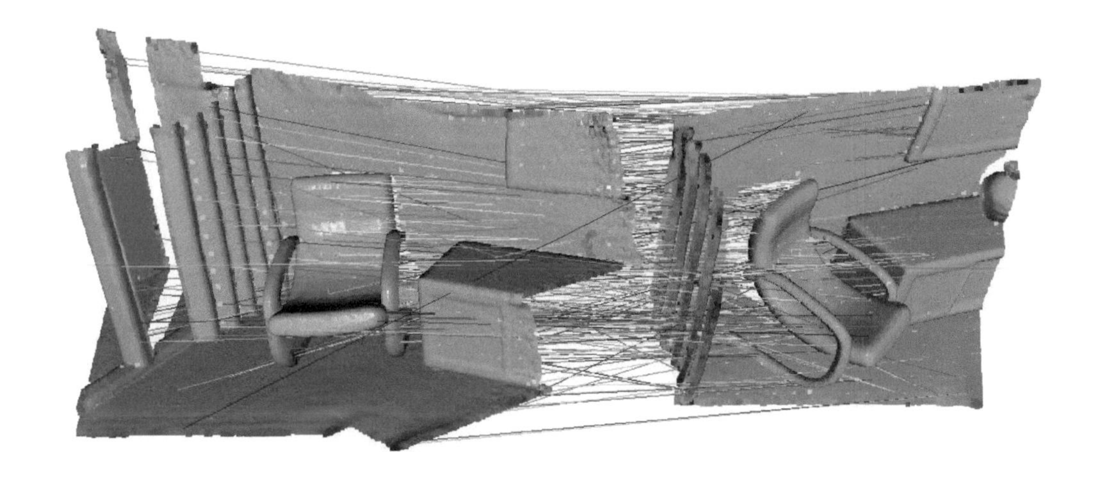

図 5.6 対応点探索で得られたすべての対応点の表示

この 2 つの点群は，ほぼ平行移動した状態で表示されているので，対応点の直線は平行に引かれるのが理想的な状態です．Ratio Test で誤対応の可能性の高いペアは棄却したのですが，斜めに引かれている対応点の直線がいくつか存在することがわかります．これらが外れ値として振る舞います．すべての対応点から姿勢を計算すると，先に説明した直線のパラメータ推定がうまくいかなかったことと同様に，姿勢も誤差を含むということが容易に想像されます．

では，RANSAC を使う前に，実際にすべての点を使って姿勢計算を行ってみましょう（図 5.7）．

```
1  trans_ptp = o3d.pipelines.registration.TransformationEstimationPointToPoint(False)
2  trans_all = trans_ptp.compute_transformation( s_kp, t_kp, corrs )
3  draw_registration_result([source], [target], trans_all )
```

クラス o3d.pipelines.registration.TransformationEstimationPointToPoint は，2 つの対応のとれた点群の 2 乗誤差を最小化する変換行列を算出します．スケーリングを含めた変換を推定可能ですが，今回は位置と姿勢のみを扱いますのでスケーリングは不要です．クラスの引数に与えた False はスケーリングを 1 として計算するための設定です．2, 3 行目で，関数 compute_transformation() によって変換行列を算出し，画面に表示しています．外れ値を含む対応点を使って姿勢を計算したので，やはりずれが目立ちます．

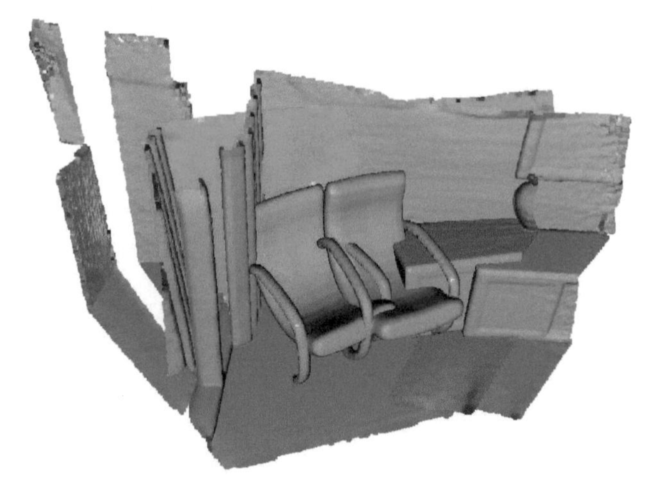

図 5.7　すべての対応点を使って得られた変換行列による 2 点群の貼り合わせ

次に，RANSAC を使って，姿勢を計算してみましょう．先に説明した一般的な直線のパラメータを算出する際の RANSAC と対比させて説明します．

1. サンプリング：すべての対応点から，あらかじめ決めておいた個数の対応点を選択し，変換行列を計算します．これには，関数 TransformationEstimationPointToPoint() を利用します．
2. 評価：得られた変換行列の妥当性を評価します．ソース側の点群を変換行列によって姿勢変換し，ターゲット側の点群との距離を計算します．この値があらかじめ決めておいたマージンより小さい場合はその対応点をインライアとして判定します．また，インライアの対応点 1 点あたりの距離の平均値を計算します．この値が小さいほど，よい変換行列ということになります．

サンプリングと評価の試行を繰り返して，最もよい変換行列を最終結果とします．では，この処理を実行してみましょう．関数 o3d.pipelines.registration.registration_ransac_based_on_correspondence() を使います．

```
1   distance_threshold = voxel_size*1.5
2   result = o3d.pipelines.registration.registration_ransac_based_on_correspondence(
3           s_kp, t_kp, corrs,
4           distance_threshold,
5           o3d.pipelines.registration.TransformationEstimationPointToPoint(False),
6           ransac_n = 3,
7           checkers = [
8               o3d.pipelines.registration.CorrespondenceCheckerBasedOnEdgeLength(0.9),
9               o3d.pipelines.registration.CorrespondenceCheckerBasedOnDistance(distance_threshold)
10          ],
11          criteria = o3d.pipelines.registration.RANSACConvergenceCriteria(100000, 0.999)
12          )
```

この関数は引数が多いので，順に説明します．

- `s_kp, t_kp, corrs`：RANSAC のために必要な材料です．それぞれ，ソース側の特徴点，ターゲット側の特徴点，対応点探索によって得られた対応点のインデックスのリストです．
- `distance_threshold`：インライアと判定する距離（マージン）のしきい値です．
- `ransac_n`：姿勢変換行列の計算のためにサンプリングする対応点の個数です．
- `checkers`：枝刈り処理に使われる条件です．ここでいう枝刈り処理とは，「サンプリング」と「評価」の間に簡単な条件を設定することによって，調べる必要のない（外れ値を含んだ）サンプルを除外する処理のことです．この処理により，むだな「評価」をスキップすることができ，RANSAC の処理が高速化します．ここでは，「EdgeLength」「Distance」を使った枝刈りを行います．「Distance」では，変換行列によってサンプリングした対応点（`ransac_n` 点）を変換し，距離が近いかどうかを判定します．近ければ，有望な変換行列と見なします．「EdgeLength」では，サンプリングした対応点の配置の関係性を評価します．EdgeLength とは，片方の点群内での対応点間の距離のことです．ソース内で 2 点選び，その距離を e_s とし，ターゲットでも同様に距離を計算し e_t とします．もし，「サンプリング」によって選ばれた対応点がソースとターゲットの同一地点を指していれば，e_s と e_t の値は類似するはずです．これを条件に枝刈りを行います．
- `criteria`：RANSAC の終了条件を指定しています．第 1 引数は試行回数の最大数です．試行中に得られた解のよさを利用して試行回数が変更されます．よい解を早い段階で発見した場合は，早期に試行が終了します．このときに使われる値が第 2 引数です．これら 2 つの値が大きいほど試行回数が増えることになるので，精度のよい解が得られる可能性が高まります．小さくすれば，早く結果を得られます．

戻り値である変数 `result` には，RANSAC の結果が保存されています．`result` の要素とその内容は次のとおりです．

- `correspondence_set`：インライアと判定された対応点のインデックスのリスト．
- `fitness`：インライア数/対応点数の値．大きいほどよい．

- inlier_rmse：インライアの平均 2 乗誤差．小さいほどよい．
- transformation：4×4 の 変換行列．

では，結果を確認しましょう．まずはインライアの対応点を確認します．

```
1   line_set = create_lineset_from_correspondences( result.correspondence_set,
2                                                   s_kp, t_kp, initial_trans )
3   draw_registration_result_list([source,s_kp],
4                                 [target,t_kp, line_set],
5                                 initial_trans)
```

図 5.8 のとおり，2 つの点群の同一地点を結んだ対応点だけが残されているように見えます．この対応点であれば，精度のよい変換行列が計算できそうです．では，結果を表示してみましょう．

図 5.8　RANSAC で得られたインライアの対応点の表示

```
1   draw_registration_result([source], [target], result.transformation)
```

図 5.9 のとおり，RANSAC を使う前（図 5.7）よりも精度のよい位置合わせができたことがわかります．さらに精度を高める場合には，この結果を初期値として ICP アルゴリズムを実行することがよくとられる方法です．

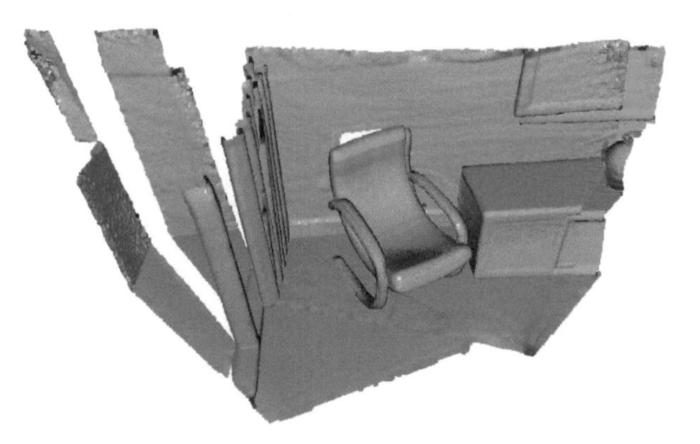

図 5.9　RANSAC によって得られた変換行列による 2 点群の貼り合わせ

ここまでの処理のサンプルコードの実行方法は次のとおりです．引数としてマッチングさせる 2 つの点群データのパスを指定しています．

```
$ python o3d_keypoint_matching.py \
../3rdparty/Open3D/examples/test_data/ICP/cloud_bin_0.pcd \
../3rdparty/Open3D/examples/test_data/ICP/cloud_bin_1.pcd
```

補足ですが，Open3D では，対応点探索と RANSAC による姿勢計算をまとめて実行する方法も用意されています．以下のとおりです．

```
1   distance_threshold = voxel_size*1.5
2   result = o3d.pipelines.registration.registration_ransac_based_on_feature_matching(
3           s_kp, t_kp, s_feature, t_feature, True,
4           distance_threshold,
5           o3d.pipelines.registration.TransformationEstimationPointToPoint(False),
6           ransac_n = 3,
7           checkers = [
8               o3d.pipelines.registration.CorrespondenceCheckerBasedOnEdgeLength(0.9),
9               o3d.pipelines.registration.CorrespondenceCheckerBasedOnDistance(distance_threshold)
10          ],
11          criteria = o3d.pipelines.registration.RANSACConvergenceCriteria(100000, 0.999)
12          )
```

5.3 一般物体の姿勢推定

5.2 節で紹介した特徴点マッチングによる姿勢推定は，形状が同一の部分を見つけ出し，それをもとに一方を他方に一致させるための姿勢変換パラメータを推定する方法でした．同一の対象物を別視点から撮影した場合や，認識対象物の 3 次元形状モデルが利用できる場合には使い勝手のよい方法です．

しかし，認識したい対象物の一般名称（カテゴリ名）が既知であったとしても，3 次元モデルを利用できない場合は少なくありません．例えば，3 次元モデルが公開されていない製品や，3 次元モデリングによる設計をせずに製造される商品，食品などの形状に個体差のある物体を認識対象とする場合です．

カテゴリレベルでリアルタイムに対象物の位置を検出する手法[25]が普及した現在，物体の姿勢推定タスクもカテゴリレベルで実施することは自然な流れといえます．対象物のカテゴリ名だけが既知の状態で，画像中の対象カテゴリの物体の位置姿勢を算出する問題はカテゴリレベル姿勢推定と呼ばれており，2019 年頃から研究が活発になった比較的新しいタスクです．本節では，この分野の研究事例について紹介します．

5.3.1 問題設定

カテゴリレベル姿勢推定は，入力シーン中の対象物の位置姿勢と大きさを推定する問題です．位置姿勢は 5.2 節と同様に 6 自由度の変換パラメータであり，大きさは，シーン中の対象物をタイトに囲む 3 次元バウンディングボックスとして表現されます．図 5.10 に対象を「マグ」としたときのカテゴリレベル姿勢推定の認識結果のイメージを紹介します．対象物の位置姿勢を表現する座標系とバウンディングボックスが描画されています．

このように，1 つのカテゴリ内にはデザインや大きさが異なるさまざまな形状が含まれます．

同一カテゴリの物体が持つ形状のバリエーションを吸収しつつ，姿勢の違いを表現可能な特徴表現の設計が重要となります．

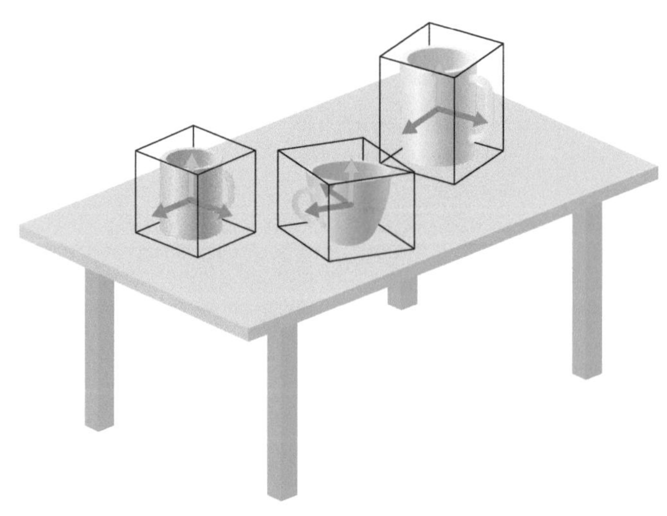

図 5.10　カテゴリレベル姿勢推定の認識結果のイメージ

5.3.2 Wang らによる代表的なカテゴリレベル姿勢推定手法

本節で紹介する手法は，Wang らによって発表された Normalized Object Coordinate Space (NOCS) と呼ばれるカテゴリごとに用意した基準座標系の上で物体形状を表現する方法を用いた姿勢推定手法[72]です．NOCS の座標と画像中の対象カテゴリの画素を対応付けることによって，はじめて観測する物体に対しても姿勢計算を可能とします．

● 物体形状の表現方法 (NOCS)

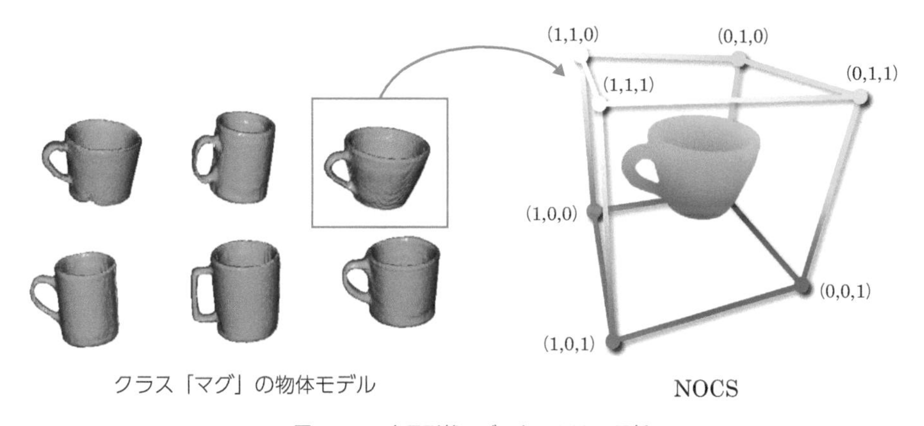

図 5.11　3 次元形状モデルと NOCS の関係

NOCS は単位立方体で表された 3 次元空間 $\{x, y, z\} \in [0, 1]$ です（図 5.11 右）．特定の物体モデルを囲む 3 次元バウンディングボックスの対角線の長さを 1 に正規化して，NOCS 空間の中心に配置します．そして，物体モデルの表面の座標を NOCS 空間の座標 (x, y, z) として表します．姿勢が一定に保たれた複数の同一カテゴリの 3 次元モデルを仮定すると，意味的に同一地点がよく似た NOCS 値をとることになります．3 次元モデルの有名なデータセットである ShapeNetCore[75]に登録されている物体モデルは，サイズ，姿勢，位置が特定の基準に合わせられた状態で公開されています．クラス「マグ」では，物体を囲む 3 次元バウンディングボックスの中心が原点 $(0, 0, 0)$ になっており，姿勢については取っ手の方向が x 軸，上向きが y 軸，これら 2 軸と直交する方向が z 軸となるように設定されています．

● NOCS を利用した姿勢とスケーリングの推定

入力シーン中に写っている物体が，認識対象カテゴリの物体であれば，その物体の表面の 3 次元座標（センサ座標系で表された点）を NOCS 座標系で表すことができます．したがって，入力シーン中の画素の NOCS 座標値を推定できれば，特徴点マッチングのように入力シーンと NOCS 座標間の対応関係が得られたことになります（図 5.12）．NOCS 座標値の推定は，画像

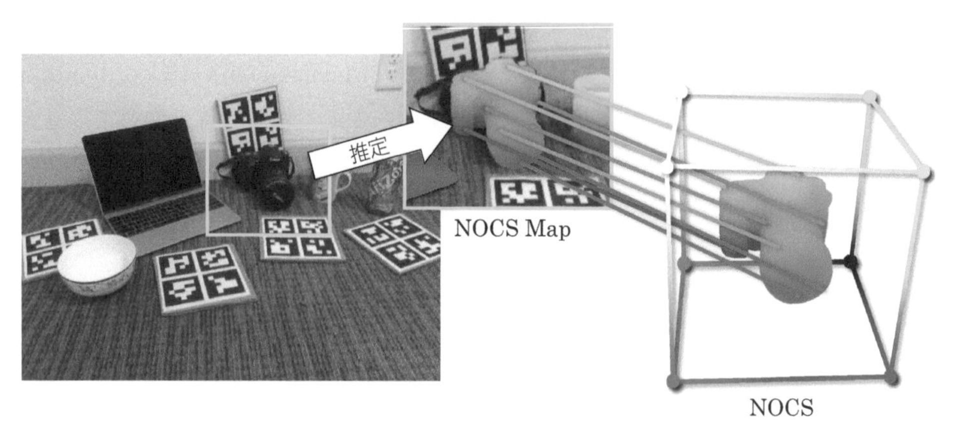

図 5.12　推定した NOCS Map と NOCS の対応関係

セグメンテーション問題と同様です．Wang らの手法では，畳み込みニューラルネットワーク (CNN) を用いて対象カテゴリが写った画素の NOCS 値を推定します．一貫性のある NOCS 値の推定結果が得られれば，5.2.7 節で紹介した RANSAC による姿勢推定が可能となります．ただし，入力シーン中の対象物と $[0, 1]$ の範囲の値で表現される NOCS 空間との間にはスケールの違いが存在します．この問題の解法には，梅山法[70]が適用されます．対応のとれた 2 つの 3 次元点群間の変換として回転，平行移動，スケーリングを仮定し，2 乗誤差を最小化する変換を算出します．梅山法自体は Open3D に実装されています．

5.2.7 節で紹介した対応点セットから姿勢変換行列を算出するクラスの引数を True とすることによって，スケーリングを考慮した変換行列が得られます．

```
1   trans_ptp = o3d.pipelines.registration.TransformationEstimationPointToPoint(True)
```

Wang らの論文では，カテゴリレベル姿勢推定の問題設定がなされ，性能評価に使えるベンチマーク用データセットが提案されました．この論文以降，他にもカテゴリレベル姿勢推定のアルゴリズムが提案されており，姿勢とスケーリングの推定と同時に，対象物の全周囲の 3 次元形状を復元する手法も発表されています．

5.3.3 少数のパラメータによる形状バリエーションのモデリング

Wang らによるカテゴリレベル姿勢推定には 2 つの問題点がありました．1 つ目は，姿勢を推定することはできるが，物体の形状に関する認識が行われないということです．例えば，認識後に対象物がロボットによってハンドリングされる予定であれば，姿勢がわかるだけでは不十分です．対象物の形状に関する知識がなければ，把持することができません．もう 1 つは，学習データを用意するのに労力がかかるということです．Wang らの方法は学習データとして，NOCS Map の正解値をピクセル単位でラベル付けした画像が大量に必要です．カメラで画像を撮影しラベル付けする，というのはかなり時間のかかる作業です．

本節で紹介する手法 (ASM-Net)[5]は，この 2 つの問題点を解消できるカテゴリレベル姿勢推定です．ASM-Net は対象物の姿勢を推定するだけでなく，その物体の全周囲の 3 次元形状を復元する深層学習モデルです．学習データは対象カテゴリの 3 次元形状モデルを用意するだけでよく，NOCS のような実計測データを用意する必要がないという利点があります．

● Active Shape Models (ASM)

ASM-Net は対象物の形状を Active Shape Models (ASM)[14]によって事前にモデリングします．ASM とは，同一カテゴリの物体の意味的に同一な点を主成分分析 (PCA) によって圧縮し，得られた平均ベクトルと固有ベクトルの重み付き和として形状を表現する方法です．変形に必要なパラメータは利用する固有ベクトルの重みである k 個の実数（これを M 次元ベクトル $\mathbf{b}$ で表します）です．ASM の適用先として多かった顔認識タスクと異なり，物体認識タスクでは対象物のサイズのバリエーションが大きいです．そこで，拡大率を表現する係数 s を追加し，$M+1$ 個のパラメータで物体の形状を表現します．ASM-Net で利用する改良型 ASM は次のとおりです．

$$S(\mathbf{b}, s) = s\left(\bar{\mathbf{x}} + \sum_{m=1}^{M} b_i \mathbf{u}_m\right) \tag{5.1}$$

ここで，$\bar{\mathbf{x}}$ は対象物カテゴリの平均形状です．対象物が 3,000 点の 3 次元点で構成される場合，9,000 次元ということになります．$\mathbf{u}_m$ は固有ベクトルです．$\mathbf{b}$ の各成分 b_i を調節することによって，カテゴリの特徴を保ったまま，さまざまな形状に変化させることができます．図 5.13 は ASM によるボウルとマグの変形です．単純な軸方向の伸縮では表現できない複雑な形状変化を表現できていることがわかります．

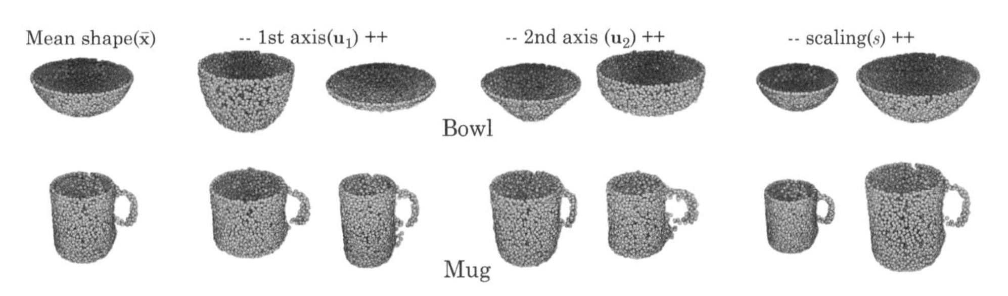

図 5.13　ASM による形状変形．ボウル（上段）・マグ（下段）の平均形状．第 1，第 2 固有ベクトル，スケーリングを変化させた例です．ボウルでは深さや丸みが変化し，マグでは円筒部の高さやハンドル形状が変形します

● ASM-Net の学習

形状の変形と姿勢推定を人工的に生成したデータのみから学習する手順を説明します．ASM のパラメータ $\mathbf{b}, s$ をランダムに設定すると，1 つの形状ができあがります．認識時には，これとは逆に，観測した形状をもとに，それを再現するのに適切な ASM のパラメータを推測します．したがって，無数の形状を作りつつ，その形状を復元するのに必要なパラメータを推定できるようにニューラルネットワークを最適化します．このとき，姿勢についても同様の処理を行って，ASM パラメータと姿勢の推定を同時に学習します．

また，実際の認識時には，対象物は RGBD センサによって撮影された点群です．このような現実のデータは，計測できない視点に対する裏側の欠損やノイズを含みます．このような現実と人工データのギャップを埋めるために，学習用の形状データの生成後にフィルタリング処理を行うことによってデータの欠損やノイズを再現します．

● ASM-Net による認識

図 5.14 は ASM-Net による形状復元と姿勢推定の処理の全体像です．ASM-Net の入力データは対象物の点群データです．したがって，前段の処理として対象物のセグメンテーションが必要です．入力シーンに対して適当なインスタンスセグメンテーション手法（Mask R-CNN など）を適用し，対象物の部分だけの点群データを得ます（図中緑枠の部分）．次に，その点群を ASM-Net に入力し，変形パラメータと姿勢を推定します．ASM によって，形状を復元し，推定した姿勢（単位四元数 $\mathbf{q}$）による回転を適用します（図中青枠の部分）．平行移動成分は，物体検出時に得られた点群の重心位置とします．最後に，ICP アルゴリズムを使って姿勢を微修正します（図中紫枠の部分）．ASM-Net では対象物の形状を復元するので，このように以前から提案されていた精密位置合わせ手法を後処理として適用可能であるという利点があります．

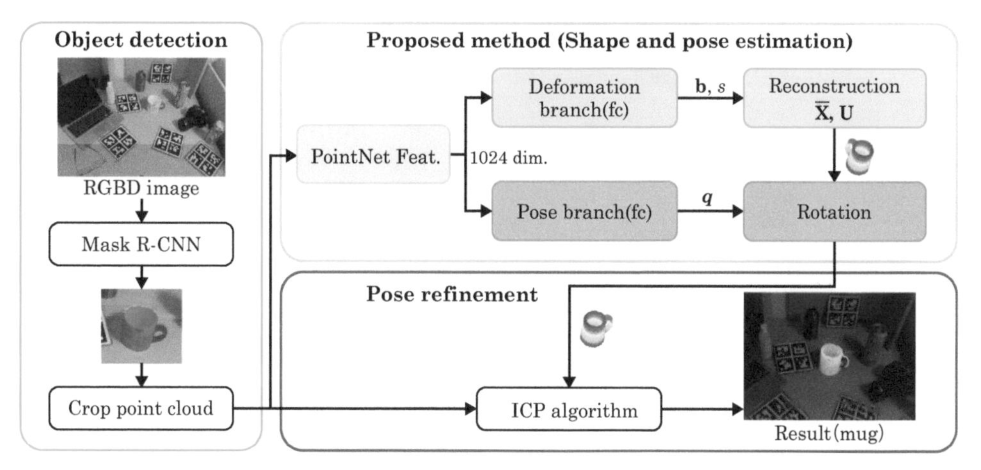

図 5.14　ASM-Net による認識処理の流れ．物体検出，形状・姿勢推定，姿勢の微修正の 3 つで構成されます

5.4 プリミティブ検出

平面や球などの単純な図形を検出する処理をプリミティブ検出と呼びます．机の上に並べた対象物を検出したい場合，事前に平面を検出しておき，その部分の点群を削除してしまえば，個々の物体を簡単に単離（検出）できます．このように身のまわりの構造物の多くは，単純な数式で記述できるプリミティブ形状であることが多いため，プリミティブ検出は，シーン理解のためのかなり強力な前処理として利用できます．本節では，RANSAC を使ったプリミティブ検出アルゴリズムについて紹介します．

5.4.1 平面の検出

Open3D による平面検出について紹介します．対象となる点群データは tabletop_scene.ply です．読み込んで表示してみましょう．このデータは 3 次元プリンタで出力して机の上に配置した球やうさぎ（図 5.15）などを計測した点群です．

```
1  pcd = o3d.io.read_point_cloud("data/tabletop_scene.ply")
2  o3d.visualization.draw_geometries([pcd])
```

図 5.16 は入力シーンの点群です．この点群から，平面検出によって，机の面を検出してみましょう．Open3D では，クラス PointCloud のメンバ関数として segment_plane() が用意されています．実行してみましょう．

図 5.15　入力シーン

図 5.16　入力シーンの点群

```
1  plane_model, inliers = pcd.segment_plane(distance_threshold=0.005,
2                                           ransac_n=3,
3                                           num_iterations=500)
4
5  [a, b, c, d] = plane_model
6  print(f"Plane equation: {a:.2f}x + {b:.2f}y + {c:.2f}z + {d:.2f} = 0")
```

関数 segment_plane() では，RANSAC による平面検出を実行します．引数は次のとおりです．

- distance_threshold：RANSAC の評価処理で利用されます．平面のインライアとして判定するための距離のしきい値です．0.005 を設定すると，平面から距離 5mm 以内の点をインライアとして見なします．
- ransac_n：RANSAC のサンプリング処理で利用されます．この点数から平面のパラメータを計算します．
- num_iterations：RANSAC のサンプリング処理と評価処理の繰り返し回数です．

出力は次のとおりです.

- plane_model：平面パラメータ
- inliers：元の点群における，平面上の点のインデックスのリスト

inliersには，平面上の点のインデックスが保存されていますので，これを使って結果を確認しましょう．以下のコードでは，インデックスのリストを使って，点群を平面上のもの（赤色）と，それ以外に分けています（図5.17）.

```
1   plane_cloud = pcd.select_by_index(inliers)
2   plane_cloud.paint_uniform_color([1.0, 0, 0])
3   outlier_cloud = pcd.select_by_index(inliers, invert=True)
4   o3d.visualization.draw_geometries([plane_cloud,outlier_cloud])
```

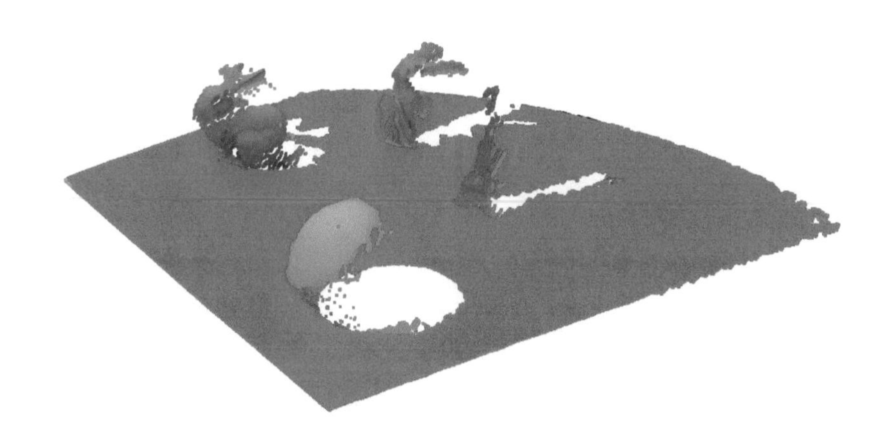

図5.17 平面の検出結果．平面と判定された点が赤色で表示されています

机を計測した点群のみが赤色に変更されており，うまく平面検出に成功したことがわかります.

では，ここで平面検出に使われた関数segment_plane()の処理の内容を解説します．先にも述べたとおり，関数segment_plane()ではRANSACによって平面を検出しています．3次元点を(x, y, z)とすると，平面は$ax + by + cz + d = 0$で表すことができます．したがって，平面検出を行うRANSACのモデルパラメータはa, b, c, dとなります.

ここまでの処理のサンプルコードの実行方法は次のとおりです.

```
$ python o3d_ransac_plane.py
```

● サンプリング

点群からランダムに 3 点 $\mathbf{p}_0, \mathbf{p}_1, \mathbf{p}_2$ を選択し，この 3 点によって作られる平面のパラメータ $\mathbf{p}_{\mathrm{plane}} = (a, b, c, d)^\top$ を算出します．ベクトル $\mathbf{e}_0 = \mathbf{p}_1 - \mathbf{p}_0$，$\mathbf{e}_1 = \mathbf{p}_2 - \mathbf{p}_0$ とし，これらの外積を正規化したベクトル $\mathbf{n} = \mathbf{e}_1 \times \mathbf{e}_2 / |\mathbf{e}_1 \times \mathbf{e}_2|$ が平面の法線方向である (a, b, c) です．また，$d = -\mathbf{n} \cdot \mathbf{p}_0$ です．

● 評価

得られたモデルパラメータ $\mathbf{p}_{\mathrm{plane}}$ のよさを評価します．点群を構成する各点 $\mathbf{p}$ と平面間の距離を計算します．一般的には点と直線の距離は $|ax + by + cz + d| / \sqrt{a^2 + b^2 + c^2}$ で計算できますが，この計算は $\mathbf{p}$ の末尾に 1 を追加した 4 次元ベクトル $\mathbf{p}' = (\mathbf{p}, 1)^\top$ と $\mathbf{p}_{\mathrm{plane}}$ の内積で表すことができます．

この距離が distance_threshold で設定したしきい値以下である場合は，インライアとしてカウントします．すべての点に対して計算が終了したとき，モデルの当てはめのよさを表す指標である fitness を（インライア点数）/（総点数）とします[注2]．また，インライアの平均誤差も記録しておきます．

num_iterations の回数の試行を繰り返し，fitness が最も高い $\mathbf{p}_{\mathrm{plane}}$ を解とします．同一の fitness を持つ $\mathbf{p}_{\mathrm{plane}}$ がある場合は，インライアの平均誤差が小さいほうを採用します．また，インライアに属する点のインデックスのリストを作成し，出力します．

5.4.2 球の検出

検出するモデルパラメータを方程式で表現できれば，前述した RANSAC のアルゴリズムを修正することによって，別のプリミティブを検出することも可能です．Open3D には，球を検出する関数が実装されていませんので，本節で実装してみましょう．

● 球のパラメータの算出

まずは，RANSAC のサンプリング処理について考えます．ここでは，点群からサンプリングした数点から，球のパラメータを求める必要があります．球のパラメータは中心 (a, b, c) と半径 r の合計 4 つの変数で表現できます．ここでは，点群からランダムにサンプリングされた 4 点をもとにして，球のパラメータを算出する方法を考えます．最もオーソドックスな解き方は，球の方程式に 4 つの 3 次元点を代入して，連立方程式を解く方法です．3 次元点を $\mathbf{p}_n = (x_n, y_n, z_n)^\top$ とすると，球の方程式は $(x_n - a)^2 + (y_n - b)^2 + (z_n - c)^2 = r^2$ です．

各点を方程式に代入し，以下のように n 番目の式から m 番目の式を引いて整理すると，

注2　インライア点数とは，モデル（今回の場合は球）の表面に十分近い点の数のことです．

a, b, c に関する 3 つの連立 1 次式方程式が残ります．具体的には，$n = 0, 1, 2$，$m = 3$ とすると，次のとおりです．

$$\begin{cases} (x_0 - x_3)a + (y_0 - y_3)b + (z_0 - z_3)c = (x_0^2 - x_3^2 + y_0^2 - y_3^2 + z_0^2 - z_3^2)/2 \\ (x_1 - x_3)a + (y_1 - y_3)b + (z_1 - z_3)c = (x_1^2 - x_3^2 + y_1^2 - y_3^2 + z_1^2 - z_3^2)/2 \\ (x_2 - x_3)a + (y_2 - y_3)b + (z_2 - z_3)c = (x_2^2 - x_3^2 + y_2^2 - y_3^2 + z_2^2 - z_3^2)/2 \end{cases} \tag{5.2}$$

NumPy を使えば，`np.linalg.solve(A,b)` によって連立 1 次式方程式を解くことができます．この関数の引数 `A` は連立方程式の左辺の a, b, c の係数を並べた正方行列，引数 `b` は右辺を縦に並べた列ベクトルです．この機能を使って，a, b, c を算出し，最後に r を計算することにします．実装例は以下のとおりです．この関数では入力された 4 点の 3 次元点 p0, p1, p2, p3 を通る球の方程式のパラメータ (a, b, c, r) を変数 `coeff` として出力します．

```
1   def ComputeSphereCoefficient(p0, p1, p2, p3):
2
3       A = np.array([p0-p3,p1-p3,p2-p3])
4       p3_2 = np.dot(p3,p3)
5       b = np.array([(np.dot(p0,p0)-p3_2)/2,
6                     (np.dot(p1,p1)-p3_2)/2,
7                     (np.dot(p2,p2)-p3_2)/2])
8       coeff = np.zeros(3)
9       try:
10          ans = np.linalg.solve(A,b)
11      except:
12          print( "!!Error!! Matrix rank is", np.linalg.matrix_rank(A) )
13          print( "  Return", coeff )
14          pass
15      else:
16          tmp = p0-ans
17          r = np.sqrt( np.dot(tmp,tmp) )
18          coeff = np.append(ans,r)
19
20      return coeff
```

● 評価

次に RANSAC の評価処理について考えましょう．すでに求めた球のパラメータを使って，(インライア点数) / (総点数) で計算されるモデルの当てはめのよさ fitness や，インライアの平均誤差を算出します．

点群中の 1 点を $\mathbf{p}_n = (x_n, y_n, z_n)^\top$，中心 $\mathbf{q} = (a, b, c)^\top$ とすると，その間の距離 $d_n = ||\mathbf{p}_n - \mathbf{q}||_2$ と半径 r が一致していれば，$\mathbf{p}_n$ は球面上に位置しているといえます．そこで，しきい値 `distance_th` を使って，$|d_n - r|$ が `distance_th` 未満の $\mathbf{p}_n$ をインライアに判定することにします．この実装例は以下のとおりです．入力は点群 (pcd)，球のパラメータ (coeff)，距離のしきい値 (distance_th) で，出力は，モデルである球の当てはめのよさ

(fitness)，インライアの平均誤差 (inlier_dist)，インライア点群のインデックスリスト (inliers) です．

```
1  def EvaluateSphereCoefficient( pcd, coeff, distance_th=0.01 ):
2      fitness = 0
3      inlier_dist = 0
4      inliers = None
5
6      dist = np.abs( np.linalg.norm( pcd - coeff[:3], axis=1 ) - coeff[3] )
7      n_inlier = np.sum(dist<distance_th)
8      if n_inlier != 0:
9          fitness = n_inlier / pcd.shape[0]
10         inlier_dist = np.sum((dist<distance_th)*dist)/n_inlier
11         inliers = np.where(dist<distance_th)[0]
12
13     return fitness, inlier_dist, inliers
```

上記のコードで重要な部分は 6 行目です．ここでは NumPy のブロードキャスト機能を使って，点群中のすべての点に対する球面との距離を一気に計算しています．変数 dist はこの計算結果を保存するための配列です．配列の長さは点群 pcd の点数と同一であり，各要素に点と球面との距離が保存されています．Python では for 文などの繰り返し演算が遅いことが知られていますので，ブロードキャストを多用することがおすすめです．

● 繰り返し演算の実装

球検出のための「サンプリング」と「評価」の実装が終わりましたので，後はこれら 2 つの手順を繰り返しながらよいパラメータを探す処理を実装するだけです．球検出処理へ入力する点群は，平面検出でアウトライア（平面以外）と判定された点群にします．

```
1  pcd = outlier_cloud
2  np_pcd = np.asarray(pcd.points)
3  ransac_n = 4 # 点群から選択する点数．球の場合は4.
4  num_iterations = 1000 # RANSACの試行回数
5  distance_th = 0.005 # モデルと点群の距離のしきい値
6  max_radius = 0.05 # 検出する球の半径の最大値
7
8  # 初期化
9  best_fitness = 0 # モデルの当てはめのよさ．インライア点数/全点数
10 best_inlier_dist = 10000.0 # インライア点の平均距離
11 best_inliers = None # 元の点群におけるインライアのインデックス
12 best_coeff = np.zeros(4) # モデルパラメータ
13
14 for n in range(num_iterations):
15     c_id = np.random.choice( np_pcd.shape[0], 4, replace=False )
16     coeff = ComputeSphereCoefficient(
```

```
17            np_pcd[c_id[0]], np_pcd[c_id[1]], np_pcd[c_id[2]], np_pcd[c_id[3]] )
18        if max_radius < coeff[3]:
19            continue
20        fitness, inlier_dist, inliers = EvaluateSphereCoefficient(
21            np_pcd, coeff, distance_th )
22        if (best_fitness < fitness) or ((best_fitness == fitness)
23            and (inlier_dist<best_inlier_dist)):
24            best_fitness = fitness
25            best_inlier_dist = inlier_dist
26            best_inliers = inliers
27            best_coeff = coeff
28            print(f"Update: Fitness = {best_fitness:.4f}, Inlier_dist =
29                {best_inlier_dist:.4f}")
30
31    if best_coeff.any() != False:
32        print(f"Sphere equation: (x-{best_coeff[0]:.2f})^2 + (y-{best_coeff[1]:.2f})^2 +
33            (z-{best_coeff[2]:.2f})^2 = {best_coeff[3]:.2f}^2")
34    else:
35        print(f"No sphere detected.")
```

上記のコードでは，より高い fitness を持つパラメータが発見できるたびに解を更新しています．fitness が同一の場合は，inlier_dist がより小さいほうの解を採用しています．

では，インライア（球と判定された点群）を青に着色して可視化してみましょう（図 5.18）．

```
1   sphere_cloud = pcd.select_by_index(best_inliers)
2   sphere_cloud.paint_uniform_color([0, 0, 1.0])
3   outlier_cloud = pcd.select_by_index(best_inliers, invert=True)
4   o3d.visualization.draw_geometries([sphere_cloud,outlier_cloud])
```

図 5.18　球の検出結果．球と判定された点が青色で表示されています

球を計測した点群の色が青になったことがわかります．せっかくなので，算出したパラメータをもとに，球のグラフィックを描画し，平面と同時に表示してみましょう（図 5.19）．

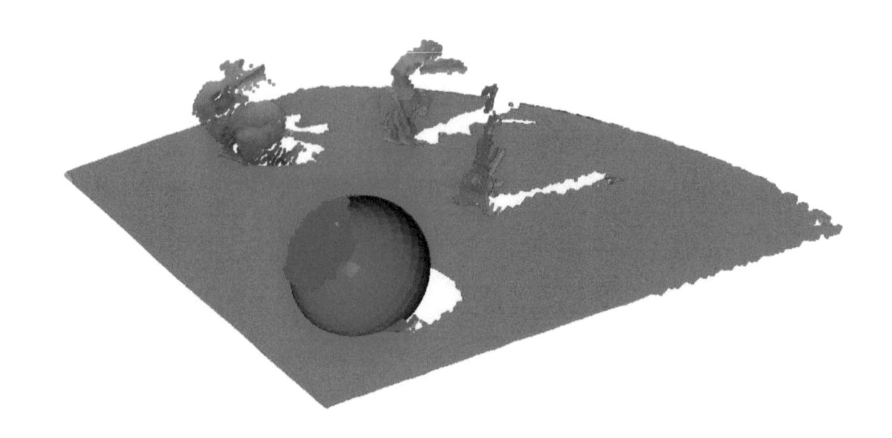

図 5.19　平面と球の検出結果

```
1   mesh_sphere = o3d.geometry.TriangleMesh.create_sphere(radius=best_coeff[3])
2   mesh_sphere.compute_vertex_normals()
3   mesh_sphere.paint_uniform_color([0.3, 0.3, 0.7])
4   mesh_sphere.translate(best_coeff[:3])
5   o3d.visualization.draw_geometries([mesh_sphere]+[sphere_cloud+plane_cloud+outlier_cloud])
```

ここまでの処理のサンプルコードの実行方法は次のとおりです．

```
$ python ransac_sphere.py
```

RANSAC を使うことによって，平面や球などの基本的な図形を点群から検出できました．プリミティブ図形としては他にも円柱や円錐などがあります．実際に，PCL や MATLAB には円柱を検出するための関数が用意されています．

5.5 セグメンテーション

物体を認識するためには，まず認識対象物体の範囲を知る必要があります．RGBD センサなどの何らかの 3 次元計測機器で実世界の 3 次元点群データを取得するとき，多くの場合は，取得データの中に複数の物体が写り込んでいます．データ全体を，何らかのまとまりを持った領域に分割することをセグメンテーションと呼びますが，生の 3 次元点群データから物体を認識するためには，このセグメンテーションの処理が必要です．しかし，物体に関する何らかの知識がなければ，物体単位でのセグメンテーションは一般的に困難です．すなわち，物体認識とセグメンテーションとの間には鶏と卵のような「どちらが先か」という問題が発生します．

ここで，セグメンテーションを先に行う戦略においては，過度のセグメンテーション（オーバーセグメンテーション），すなわち物体などの認識したい対象よりも細かいパーツ単位でのセグメンテーションが有効であることが知られています [46, 48].

本節では点群データのオーバーセグメンテーションを行う最も基本的な手法の 1 つである Density Based Spatial Clustering of Applications with Noise (DBSCAN) [19]を紹介します．DBSCAN は単純に 2 点間のユークリッド距離に基づいたクラスタリングを行う手法です．DBSCAN の目的とする状態は，2 点間距離があるしきい値（ε とする）以内である点同士が同じクラスタに属し，かつ，どのクラスタにも属さない点を外れ値（“noise”）とする状態です．この状態の表現を得るために，すべての点を，コア点（“core”），境界点（“border”），外れ値（“noise”）のいずれかに分類します．コア点の定義は，その点を中心とする半径 ε の球内に η 個以上の点が含まれるような点であり，境界点は，（それ自身がコア点ではないが）他の 1 つ以上のコア点からの距離が ε 以内であるような点です．DBSCAN は，初期状態としてすべての点のラベルを “unclassified” とします．そして，任意の 1 点を抽出します．もしこの点がコア点でなければ，“noise” とします．そして，コア点であった場合は，この点を新規のクラスタの “core” とし，この点から距離 ε 以内のすべての点に対して，同一クラスタの “core” であるか，あるいは “border” であるかを決定します．このとき，すでに “noise” ラベルが付いている点に関しても，“border” ラベルに変化する場合があることに注意します．ここで，もし注目点が “core” であった場合は，その点から距離 ε 以内のすべての点に対しても同様の処理を行います．この操作を，“unclassified” ラベルの付いた点がなくなるまで続けます．

さて，この DBSCAN を行う関数は Open3D に実装されています．サンプルコードを下記に示します．

```
1   import sys
2   import open3d as o3d
3   import numpy as np
4   import matplotlib.pyplot as plt
5
6   filename = sys.argv[1]
7   print("Loading a point cloud from", filename)
8   pcd = o3d.io.read_point_cloud(filename)
9   print(pcd)
10
11  labels = np.array(pcd.cluster_dbscan(eps=0.02, min_points=10))
12
13  max_label = labels.max()
14  print(f"point cloud has {max_label + 1} clusters")
15  colors = plt.get_cmap("tab20")(labels / max(max_label,1))
16  colors[labels < 0] = 0
17  pcd.colors = o3d.utility.Vector3dVector(colors[:, :3])
18
```

```
19    o3d.visualization.draw_geometries([pcd], zoom=0.8,
20                                      front=[-0.4999, -0.1659, -0.8499],
21                                      lookat=[2.1813, 2.0619, 2.0999],
22                                      up=[0.1204, -0.9852, 0.1215])
```

読み込んだ点群データに対し，11 行目で DBSCAN を行います．ここでは $\varepsilon = 0.02$, $\eta = 10$ としています．その後の行では，クラスタ番号に応じて点に色を付け，点群データを表示しています．下記を実行してみましょう．

```
$ cd $YOURPATH/3dpcp_book_codes/section_object_recognition
$ python o3d_cluster_dbscan.py \
../3rdparty/Open3D/examples/test_data/fragment.pcd
```

図 5.20 のように，クラスタごとに色分けされた点群データが表示されるでしょう．

図 5.20　Open3D の DBSCAN によるセグメンテーションの実行結果

DBSCAN は非常に簡潔で使いやすいアルゴリズムですが，もちろん万能ではありません．DBSCAN によるセグメンテーションは，領域と領域の間に計測点が存在しないすき間があることを前提としています．このため，例えば図 5.20 の右上部の壁に置かれた物体のように，厚みの薄い物体は背景と同化してしまいがちです．このようなケースを回避するために，点の法線ベクトルや色情報を利用する方法もあります．DBSCAN 以外のさまざまなセグメンテーションアルゴリズムを知るには，PCL のドキュメント注3を参照するとよいでしょう．

なお，物体単位のセグメンテーションを行うためには，点間距離や法線・色情報といった情報のみでは不十分であり，物体に関する事前知識が必要となるケースがあります．このような高度なセグメンテーション処理は，局所のみならず，より大域のパターンをとらえた特徴量に基づいて点を分類する学習ベースの手法によって可能となります．学習（特に深層学習）を用いたセグメンテーションに関しては，第 6 章で紹介します．

章末問題

問題 5.1

5.1 節で RGB-D Object Dataset の一部データを用いた特定物体認識を行うプログラムを紹介しました．ここでは，非常に簡易な手法を用いていますが，より頑健な物体認識を行うためにはどのような工夫が必要でしょうか．改良方法を考えて実装し，認識率を向上させましょう．

問題 5.2

2 次元画像を入力とする一般物体認識に比べて，3 次元点群データを用いることで，どのようなメリットとデメリットがあるかを考察しましょう．

問題 5.3

本章で実装した特徴点マッチングにおける特徴点は，元の点群をダウンサンプリングしたものでした．この処理を 3.1 節で紹介した特徴点検出のいずれかに変更して動作確認してみましょう．

問題 5.4

本章で実装したプリミティブ検出は，条件に最も合うモデルパラメータを決定しますので，そのままでは複数のプリミティブ図形の検出ができません．これを実現する方法を考察して，実装してみましょう．

問題 5.5

PCL のドキュメント `https://pcl.readthedocs.io/projects/tutorials/en/latest/index.html#segmentation` を参考にして，DBSCAN 以外のセグメンテーションアルゴリズムを実装しましょう．

注3 https://pcl.readthedocs.io/projects/tutorials/en/latest/index.html#segmentation

第6章

深層学習による3次元点群処理

近年の深層学習の発展に伴い，3 次元点群処理に深層学習を用いるアプローチが急速に発展しつつあります．本章では深層学習を用いた点群処理の基礎となった PointNet[11]を例に，そのアイデアと実装方法を紹介します．また局所形状情報を扱うための枠組みである点群の畳み込みについて，一般的な点群畳み込みの定式化を行ってから，Dynamic Graph CNN (DGCNN)[74]で提案された Edge Conv の実装を通じて解説します．最後にいくつかの深層学習を用いた点群処理のアプリケーションについても紹介します．

6.1 深層学習の基礎

深層学習による 3 次元点群処理の紹介のため，簡単に深層学習について述べます．深層学習とは，多層のニューラルネットワークを用いて目的に応じた関数を近似し，(主に勾配法を用いて) 所望する入出力関係になるように学習する手法です．この学習にはデータセットと呼ばれる，入力データと所望する出力データを用います．このデータセットに含まれるデータにできるだけ一致するような関数になるように，ニューラルネットワークの調整可能なパラメータについて最適化することを学習と呼びます．この最適化には最急降下法などを用います．

ここでは簡単なニューラルネットワークである多層パーセプトロン (Multi Layer Perceptron, MLP) の実装を通じて，PyTorch でのネットワークの実装例を紹介します．ニューラルネットワークや深層学習に関する入門的内容は取り扱わないため，他の書籍[86][87]などを参照してください．

多層パーセプトロンは入力層，中間層，出力層からなり，各層の間を線形変換と活性化関数によってつないだ構造となっています．ここでは例として，入力データとしてランダムな PyTorch の Tensor を与えます．

```
1  import torch
2
3  input_data = torch.rand([128])
4  print(input_data.shape)
```

この例では 128 次元のベクトルを入力例として与えています．次に線形層と活性化関数を実装します．

```
1  import torch
2  import torch.nn as nn
3  import torch.nn.functional as F
4
5  linear = nn.Linear(128, 256)
6  input_data = torch.zeros((128))
7
8  x = input_data
9  x = linear(x)
10 x = F.relu(x)
11 print(x.shape)
```

この例では 5 行目で入力が 128 次元，出力が 256 次元の線形変換を定義しています．このように定義した線形変換モジュールは行列 A とベクトル $\mathbf{b}$ を内部にパラメータとして持ちます．この線形変換モジュールにベクトル $\mathbf{x}$ を入力すると，

$$\mathbf{y} = A\mathbf{x} + \mathbf{b} \tag{6.1}$$

として計算された $\mathbf{y}$ を出力します．後に紹介する勾配法を用いたパラメータの更新にはモジュールごとに与えられた誤差のパラメータに関する微分が必要となります．PyTorch のような深層学習フレームワークでは，このような順方向の計算を行った際に自動的に計算グラフを作成し，後に各パラメータに関する微分を自動で計算できるようになっています．8 行目で `input_data` について線形変換の適用をしており，その後 9 行目で活性化関数を適用しています．ここでは Rectified Linear Unit (ReLU)[4]を活性化関数として用いています．深層学習は，このように線形変換と活性化関数を繰り返し適用することで複雑な非線形関数をもうまく近似できる表現能力を持っています．

それでは 3 層のネットワークを実装して，さきほどの 128 次元のベクトルを入力してみましょう．

```
1  class MLP(nn.Module):
2      def __init__(self):
3          super(MLP, self).__init__()
4          self.linear1 = nn.Linear(128, 256)
5          self.linear2 = nn.Linear(256, 10)
6
7      def forward(self, x):
8          x = self.linear1(x)
9          x = F.relu(x)
10         x = self.linear2(x)
11         return x
12
13 net = MLP()
14 y = net(input_data)
15 print(y.shape)
```

このように，いくつかの処理をまとめて PyTorch におけるモジュールとして定義できます．この例では中間層が 2 層の MLP となっており，入力されたベクトルは 128 次元から 256 次元へ，そして 10 次元へと変換され 10 次元のベクトルが出力されます．また，この 3 層のネットワークのように連続して関数を適用するようなネットワークの場合，`Sequential` を利用して次のように書くことも可能です．

```
1  net = nn.Sequential(nn.Linear(128, 256), nn.ReLU(), nn.Linear(256, 10))
2  y = net(input_data)
3  print(y.shape)
```

ニューラルネットワークの学習には確率的勾配降下法 (Stochastic Gradient Descent, SGD) やその派生手法である Adam (Adaptive moment estimation) などを用います．SGD ではデータセットをミニバッチに分割してからそのミニバッチごとに順方向の計算を行い，正解データとネットワークの出力を比較，そこで得られた誤差を各層に伝えることで（誤差逆伝播法），ネットワークのパラメータの更新を行います．誤差は回帰問題の場合には L2 距離（ユークリッド距離）を最小化する L2 損失関数など，クラス分類問題の場合には交差エントロピー損失関数などを用います．

PyTorch でミニバッチ学習をする場合には，ネットワークに入力するベクトルをまとめて，（ミニバッチの要素数）×（入力ベクトルの次元）という Tensor を入力できます．

```
1  input_data = torch.rand([32, 128])
2  y = net(input_data)
3  print(y.shape)
```

このように 32（ミニバッチの要素数）×128（入力ベクトルの次元）の Tensor を入力すると，各データに対応した出力がまとめられた 32（ミニバッチの要素数）×10（出力ベクトルの次元）のベクトルが出力されます．

6.2 PyTorch Geometric による 3 次元点群の扱い

本書では深層学習フレームワークである PyTorch[57] と，その幾何形状への拡張ライブラリである PyTorch Geometric[20] を用いて深層学習による 3 次元点群処理を実装します．本書では安定した環境のため Docker による環境設定を提供していますが，執筆時点（2022/08/08）での最新の PyTorch Geometric は Anaconda を用いて容易にインストールできます．Docker を用いる場合には本書添付のサンプルコードの docker/section_deep_learning ディレクトリ以下のサンプルコードおよび Dockerfile を利用してください．Anaconda を用いる場合には

```
$ conda install pyg -c pyg
```

というコマンドにてインストールできます．

はじめに，PyTorch Geometric におけるデータ形式を紹介します．PyTorch Geometric では，点群やメッシュをグラフとして記述します．PyTorch におけるグラフは頂点の位置情報 (pos: position), 各頂点の特徴量 (x), 各頂点の法線 (normal), 辺の張られ方 (edge_index), 各辺の特徴量 (edge_attr), 面の張られ方 (face), グラフ全体の特徴量・物体カテゴリなど (y) を含むことができます．本書の範囲では面の張られ方 (face) は扱いません．

それではさっそく 3 次元データを読み込んでみましょう．PyTorch Geometric には ModelNet[75]というよく用いられる 3 次元形状データセットをダウンロードして利用可能にする機能があります．

```
from pathlib import Path
from torch_geometric.datasets import ModelNet
import torch_geometric.transforms as T

current_path = Path.cwd()
dataset_dir = current_path / "modelnet10"

pre_transform = T.Compose([
    T.SamplePoints(1024, remove_faces=True, include_normals=True),
    T.NormalizeScale(),
])

train_dataset = ModelNet(dataset_dir, name="10", train=True, transform=None,
    pre_transform=pre_transform, pre_filter=None)
test_dataset = ModelNet(dataset_dir, name="10", train=False, transform=None,
    pre_transform=pre_transform, pre_filter=None)
```

5, 6 行目でデータセットを一時的に保存するディレクトリを指定しています．PyTorch Geometric の ModelNet データセット機能を使う場合，ダウンロードして前処理を適用したデータを自動で保存，次回以降には自動的に保存したデータを読み込むようになっています．8〜10 行目では点群に適用する前処理を指定しています．ModelNet の生データはメッシュなので，形状の表面に相当する点をサンプリングする必要があります．9 行目で点をランダムにサンプリングしています．このとき同時にサンプリングした各面に対応する面の法線を保存し，面自体の情報は取り除いています．10 行目で点群全体の大きさを各軸 $[-1, 1]$ の範囲に正規化しています．これらの前処理は PyTorch Geometric の `transforms` の機能を用いています．8 行目で指定している `T.Compose` はこれらの `transforms` を連続して適用する操作をまとめることができ，今回はサンプリングと正規化をまとめて `pre_transform` としています．13, 15 行目では上記の前処理を適用した ModelNet データセットを構築しています．ModelNet には ModelNet10 と ModelNet40 というバリエーションがあります．それぞれ対象としている物体クラス数が 10, 40 となっています．引数として `pre_transform` に PyTorch Geometric の `transforms` を与えることで指定した前処理を適用したデータセットを構築します．13 行目と 15 行目で学習に用いるデータセット (`train_dataset`) とテスト用データセット (`test_dataset`) をそれぞれ読み込んでいます．この区分は ModelNet によって規定されており，`train=True` あるいは `train=False` を指定することで，その区分に従ってデータを分離し，データセットとして読み込みます．ここで読み込んだデータセットは

PyTorch Geometric の Dataset 型となっていて，このデータセットから各インスタンスを順次取り出すことができます．実際にこのサンプルコードを実行すると，データセットのダウンロードと前処理が行われます．回線状況や計算機の性能によっては時間がかかる処理ですので注意してください．先に述べたように，2 回目以降は前処理まで適用済みのデータが読み込まれるので，それほど時間はかかりません．

データセットの構築が終わったら，実際にデータを見てみましょう．

```
1  print("train_dataset len:", len(train_dataset))
2  print(train_dataset[0])
```

これを実行すると

```
train_dataset len: 3991
Data(normal=[1024, 3], pos=[1024, 3], y=[1])
```

という結果が得られます．データセットの大きさ（何個のデータを含んでいるか）は関数 len() で取得できます．この場合では ModelNet10 の学習データセットに 3,991 個の形状が収録されていることがわかります．また，インデックスによるアクセスでデータセットの指定要素のデータを取り出すことができます．ここでは 0 番目のデータについて表示しています．このデータは PyTorch Geometric の Data 型となっており，1 つの Data で PyTorch におけるグラフを 1 つ表現しています．今は点群を示していますので，グラフの各頂点が点群の各点を示しています．この例では各点の法線 (normal) と位置 (pos)，形状クラスのインデックス (y) が含まれています．含まれているデータの例を図 6.1，図 6.2，図 6.3 に示します．位置と法線は（点数）×3 の配列となっており，それぞれの点について (x, y, z) あるいは (n_x, n_y, n_z) として記述されています．実際に 0 番目のデータについて表示してみると

```
1  print(train_dataset[0].pos.shape)
2  print(train_dataset[0].pos)
```

の結果として

```
torch.Size([1024, 3])
tensor([[-0.7335, -0.6273,  0.3710],
        [-0.7335, -0.6240,  0.3057],
        [ 0.6812, -0.5264,  0.2144],
        ...,
        [ 0.6812,  0.2579,  0.1209],
        [-0.3616,  0.6990, -0.2779],
        [-0.1796,  0.9881,  0.2870]])
```

が得られます．これらの配列は PyTorch の Tensor 型として扱われており，一般的な PyTorch における Tensor として扱うことができます．Data として確認したとおり，たしかに（点数）×3 の Tensor となっていることがわかります．

図 6.1　ModelNet に含まれるデータの例（ベッド）

図 6.2　ModelNet に含まれるデータの例（椅子）

図 6.3　ModelNet に含まれるデータの例（机）

一般的な深層学習の枠組みでは，データセットからいくつかのデータをまとめてミニバッチとして学習します．よくある PyTorch でのミニバッチの学習では，（データ数）×（各データ）という Tensor としてミニバッチを扱います．今回はすべての形状について 1,024 点をサンプリングしているため，すべてのデータで点数は固定ですが，一般に点群やグラフを扱う場合には点の数はデータごとに異なる場合があります．このため，点群を扱う場合には上記のようなミニバッチの扱い方が難しい場合があります．PyTorch Geometric では，このミニバッチ学習のために Batch 型を準備しています．実際に見てみましょう．

```
1  from torch_geometric.data import DataLoader as DataLoader
2  dataloader = DataLoader(train_dataset, batch_size=32, shuffle=False)
3  batch = next(iter(dataloader))
4  print(batch)
```

このコードを実行すると

```
Batch(batch=[32768], normal=[32768, 3], pos=[32768, 3], y=[32])
```

という結果が得られます．これが PyTorch Geometric における Batch 型のデータです．法線 (normal) と点の座標 (pos)，各データのクラス (y) はすべて結合されて，それぞれ 1 つの Tensor になっています．各データが 1,024 点からなる点群を 32 個まとめてミニバッチにしたため，このバッチの normal と pos には 1,024×32=32,768 点が含まれています．y については 1 要素で表されたラベルを 32 個まとめたので 32 次元のベクトルとなっています．ここで，座標と法線は各データの各点について与えられているため，これらをすべて結合してしまうと，どの点がどのデータからきたものかがわからなくなってしまいます．この「どの点がどのデータに含まれているか」を示すために，Batch にはミニバッチ内に含まれる点数の次元の batch という Tensor が含まれています．batch にはミニバッチ内に含まれる点数だけの整数値が格納されており，それぞれの整数値が各点についてどのデータに属しているかを示しています（図 6.4）．このようなデータ形式でミニバッチを表現することで，たとえデータごとに点数が異なったとしてもまとめてミニバッチとして扱うことができるようになっています．

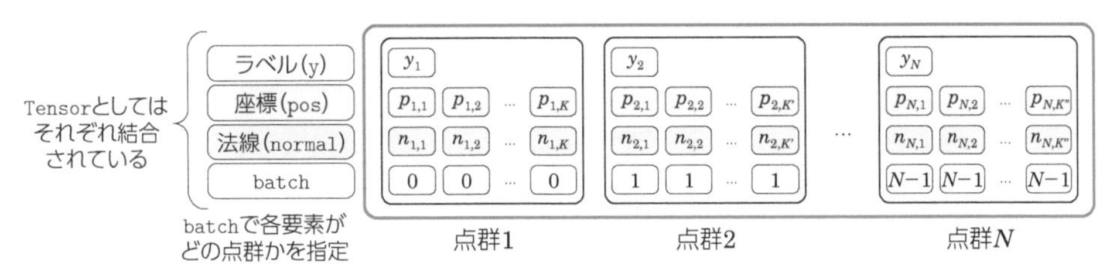

図 6.4　PyTorch Geometric における Batch 型のデータ構造

6.3 PointNet

6.2 節で PyTorch Geometric における 3 次元点群の扱い方を見てきました．本節では 3 次元点群を深層学習で扱うための手法について紹介します．

3 次元点群を深層学習で取り扱うための手法として PointNet[11] と DeepSets[82] がほぼ同時期に提案されています．本書では特に PointNet を中心に，3 次元点群を深層学習によって取り扱う手法を紹介します．

6.3.1 PointNet の基本構造

3 次元点群には，1 つ 1 つのデータ要素（画像であればピクセル）に順序やグリッド構造がありません．これは，3 次元点群中の任意の 2 点を入れ替えたとしても全体としては同じ形状を表していることからわかります（図 6.5）．このようなデータは順不同なデータと呼ばれ，深層学習で扱うことは容易ではありませんでした．PointNet では Symmetric Function というアイデアを導入することで，このような順不同なデータ形式に対応しています．Symmetric Function とは，入力データの順番が変わったとしても出力が変わらないような関数を指します．たとえ同じ形状を表していたとしても，計算機で扱う都合上，入力点群に順序を与えて配列として扱うことが自然です．このような順序付けられた点群について，入力データの順序が変わったとしても出力が変わらないということは，$(\mathbf{p}_1, \mathbf{p}_2, \ldots, \mathbf{p}_i, \ldots, \mathbf{p}_j, \ldots, \mathbf{p}_N)$ という

データと $(\mathbf{p}_1, \mathbf{p}_2, \ldots, \mathbf{p}_j, \ldots, \mathbf{p}_i, \ldots, \mathbf{p}_N)$ について，出力が同じになるような関数を考えるということになります．

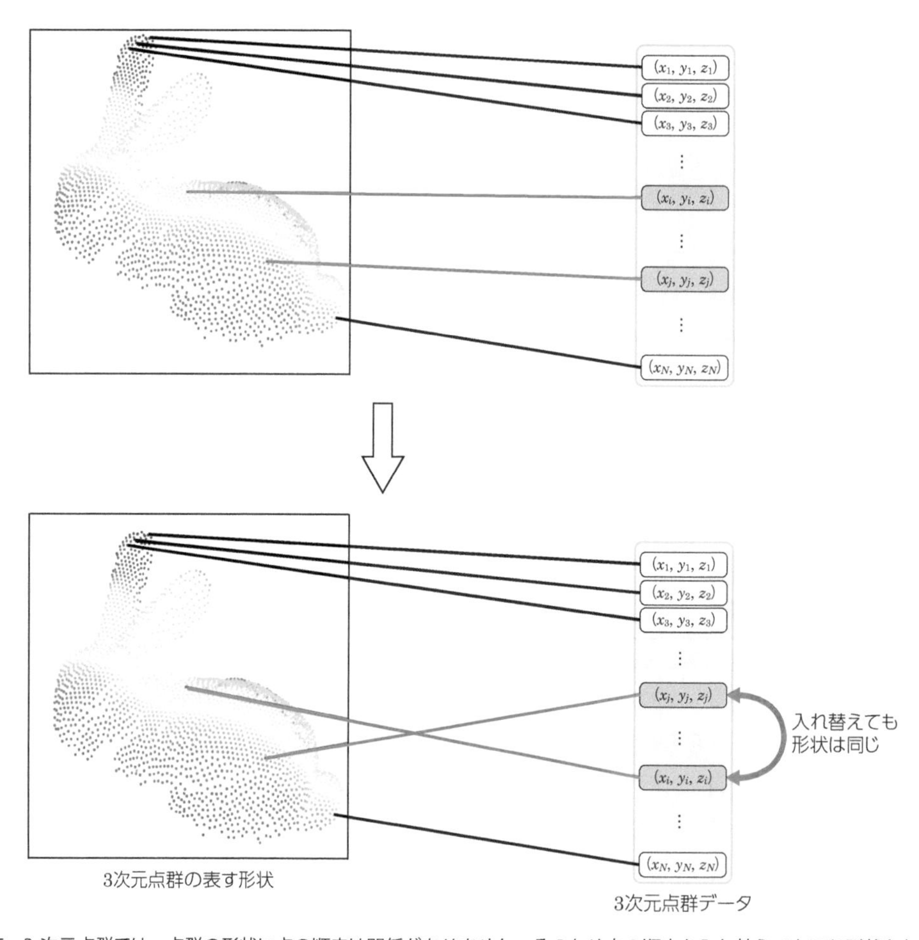

図 6.5　3 次元点群では，点群の形状に点の順序は関係がありません．そのため点の順序を入れ替えても同じ形状となります

PointNet ではこのような関数として，Shared MLP と (Max-)Pooling（最大値プーリング）を組み合わせたネットワークを提案しています．Shared MLP とは各点について，チャンネル方向に同一の MLP を適用する手法で，画像を扱うネットワークなどでは Pointwise Convolution, 1×1 Convolution などと呼ばれている構造です．Shared MLP を $f(\mathbf{p}, \theta)$（ここで θ は MLP の重みパラメータ）とすると，例として $(\mathbf{p}_1, \mathbf{p}_2, \ldots, \mathbf{p}_i, \ldots, \mathbf{p}_j, \ldots, \mathbf{p}_N)$ が入力されたとき，それぞれの点に Shared MLP を適用するので $(f(\mathbf{p}_1), f(\mathbf{p}_2), \ldots, f(\mathbf{p}_i), \ldots, f(\mathbf{p}_j), \ldots, f(\mathbf{p}_N))$ が出力となります．例えばここで点の順序を入れ替えて $(\mathbf{p}_1, \mathbf{p}_2, \ldots, \mathbf{p}_j, \ldots, \mathbf{p}_i, \ldots, \mathbf{p}_N)$ を入力とすると，

$(f(\mathbf{p}_1), f(\mathbf{p}_2), \ldots, f(\mathbf{p}_j), \ldots, f(\mathbf{p}_i), \ldots, f(\mathbf{p}_N))$ が出力されます．この構造では点の順序の入れ替えに伴って出力の順序が入れ替わっていますが，順序が入れ替わったこと以外（例えば他の点の出力など）には影響がないことに注意してください．PointNet では Shared MLP の次に Max-Pooling を用いて，全点の特徴量を集約します．これは多視点画像の処理において，各視点 (View) で計算した特徴量をすべての視点について集約する View-Pooling[67] と同じアイデアです．このプーリング操作はチャンネルごとに点群全体について適用されます．プーリングする関数に最大値 (Max) を用いることで，点の順序が変わったとしても点群全体での最大値自体には変化がないため，点の順序によらない出力を得ることができます．このような性質を持つ関数としては，他に最小値 (Min)，平均値 (Mean, Average)，総和 (Sum) などが考えられます．最大値，最小値，平均値などは点の順序だけでなく，点数が変わったとしても性質の変わらないプーリング操作となっています．Max-Pooling を $g(\cdot)$ として表すと，上記の性質から

$$
\begin{aligned}
&g(f(\mathbf{p}_1), f(\mathbf{p}_2), \ldots, f(\mathbf{p}_i), \ldots, f(\mathbf{p}_j), \ldots, f(\mathbf{p}_N)) \\
&= g(f(\mathbf{p}_1), f(\mathbf{p}_2), \ldots, f(\mathbf{p}_j), \ldots, f(\mathbf{p}_i), \ldots, f(\mathbf{p}_N)) \qquad (6.2)
\end{aligned}
$$

が成り立ちます．このように，Max-Pooling を用いることで点の順序によらない出力を得ることができます．一方総和 (Sum) は点の順序には依存しませんが，点数に応じて出力が変わります．これらのプーリングは目的に応じて使い分けることになります．以上のように，Shared MLP と Max-Pooling（一般には Max 以外のプーリングも利用されます）を組み合わせることによって，点の順序によらず同じ出力となり，目的であった Symmetric Function をニューラルネットワークを用いて記述することができました．このようなネットワーク構造の概念図を図 6.6 に示します．

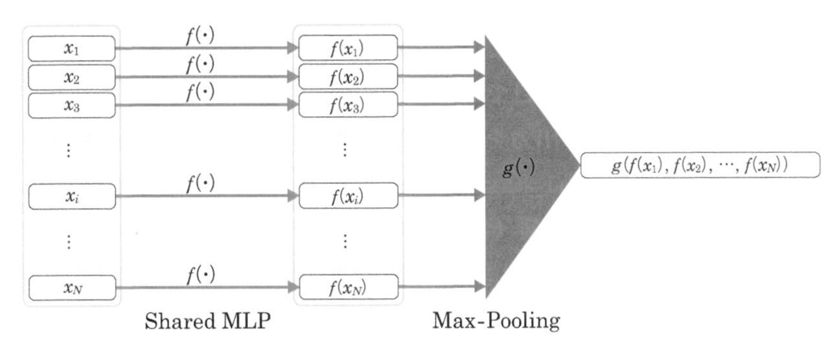

図 6.6 PointNet における Symmetric Function の実装

それでは実際に PyTorch Geometric を用いて，Shared MLP と (Max-)Pooling による Symmetric Function を実装してみましょう．入力は PyTorch Geometric の `Data` 型か `Batch`

型であることを想定します．

```
1   from torch_geometric.nn import global_max_pool
2   import torch.nn as nn
3
4   class SymmFunction(nn.Module):
5       def __init__(self):
6           super(SymmFunction, self).__init__()
7           self.shared_mlp = nn.Sequential(
8               nn.Linear(3, 64), nn.BatchNorm1d(64), nn.ReLU(),
9               nn.Linear(64, 128), nn.BatchNorm1d(128), nn.ReLU(),
10              nn.Linear(128, 512),
11          )
12
13      def forward(self, batch):
14          x = self.shared_mlp(batch.pos)
15          x = global_max_pool(x, batch.batch)
16          return x
17
18  f = SymmFunction()
19  print(batch)
20  print("num_graphs:", batch.num_graphs)
21  y = f(batch)
22  print(y.shape)
```

4 行目で PyTorch におけるモジュールを継承してクラス SymmFunction を定義しています．7 行目からの関数__init__() の中で Shared MLP（プログラム中では self.shared_mlp）を定義しています．この Shared MLP は各点について適用されることに注意してください．今回の実装では，はじめ 3 次元だった入力特徴量（座標 (x, y, z) を想定）を 64 次元，128 次元，1024 次元と順に変換していきます．各線形変換の間で Batch Normalization（ミニバッチ正規化）[27] と活性化関数（今回は ReLU[4]）を適用しており，一般的な Batch Normalization を含む MLP となっています．13 行目からの関数 forward() は，実際にデータを入力したときの挙動を記述しています．14 行目で batch として入力されたデータのうち，各点の位置 (pos) を Shared MLP に入力して出力を x としています．これが点ごとの特徴量の変換を表しています．次に 15 行目で global_max_pool を行っています．これは PyTorch Geometric が提供している関数で，batch の分割（ここでは batch.batch で与えています）に従ってミニバッチ中に含まれる点群単位でプーリングを行います．点群ごとに点群全体の特徴量をプーリングするという意味で，このような操作は Global (Max-)Pooling とも呼ばれます．16 行目でプーリングした後の Tensor を出力として戻り値に指定しています．これを実行すると

```
Batch(batch=[32768], norm=[32768, 3], pos=[32768, 3], y=[32])
num_graphs : 32
torch.Size([32, 512])
```

となります．batch 内での点群数（PyTorch Geometric としてはグラフ数）は num_graphs によって取得できます．num_graphs が 32 なので，入力したミニバッチには 32 個の点群が含まれていることがわかります．実装したクラス SymmFunction は 32×512 次元の Tensor を出力しています．これは（点群数）×（出力特徴量の次元）となっており，各点群について 1 つの特徴量ベクトルに集約された特徴量が結合されて出力されていることがわかります．

上で述べた Shared MLP と (Max-)Pooling による Symmetric Function を基本として，PointNet は構築されています．ここではさらに，それ以外の PointNet の部分についても簡単に触れつつ実装を見てみます．

まずは PointNet において T-Net と呼ばれている，Spatial Transformer Network (STN)[28] のアイデアを導入したモジュールです．これは入力された点群の回転を学習ベースで自動的に正規化することを目指して導入されています．ModelNet のデータは z 軸まわりの回転が正規化されておらず，一般的に計測される点群も回転の正規化は難しいです．回転の正規化がなされていたほうが後段のネットワークが学習しやすいと予想されるので，回転を自動的に正規化するようなモジュールをここに組み込んでいます．方針としては，まず入力点群から Shared MLP と (Max-)Pooling で特徴量を取り出し，これをさらに MLP で 9 次元ベクトルにします．このベクトルを 3×3 の回転行列だと考えて，入力点群全体にこの回転を適用，すなわち回転行列を作用させます．PointNet の実装ではここにさらに工夫があり，ネットワークの出力が回転行列そのものではなく，回転行列と単位行列の差分となるようにしています．これによって，学習する要素は単位行列（すなわち回転がない変換）からの変化分のみをネットワークが出力すればよいため，ネットワークの負担が軽くなることが期待できます．具体的には，ネットワークの出力から得られる行列を M として単位行列を I とすると $R = M + I$ としてから回転行列 R を入力点群に適用します[注1]．実装は次のようになります．

```
1   class InputTNet(nn.Module):
2       def __init__(self):
3           super(InputTNet, self).__init__()
4           self.input_mlp = nn.Sequential(
5               nn.Linear(3, 64), nn.BatchNorm1d(64), nn.ReLU(),
6               nn.Linear(64, 128), nn.BatchNorm1d(128), nn.ReLU(),
7               nn.Linear(128, 1024), nn.BatchNorm1d(1024), nn.ReLU(),
8           )
9           self.output_mlp = nn.Sequential(
10              nn.Linear(1024, 512), nn.BatchNorm1d(512), nn.ReLU(),
11              nn.Linear(512, 256), nn.BatchNorm1d(256), nn.ReLU(),
12              nn.Linear(256, 9)
13          )
```

注1　注意として，ここで R が必ずしも回転行列として正しい（すなわち $\det(R) = 1$）となっている保証はありません．

```
14
15     def forward(self, x, batch):
16         x = self.input_mlp(x)
17         x = global_max_pool(x, batch)
18         x = self.output_mlp(x)
19         x = x.view(-1, 3, 3)
20         id_matrix = torch.eye(3).to(x.device).view(1, 3, 3).repeat(x.shape[0], 1, 1)
21         x = id_matrix + x
22         return x
```

入力は各点の座標を想定するため 3 次元で，64 次元，128 次元，1024 次元と徐々に Shared MLP で変換します．次に Max-Pooling で 1024 次元のベクトルに集約，さらに MLP で 1024 次元，512 次元，256 次元，9 次元と変換します．この 9 次元ベクトルを点群ごとに 3×3 行列に変換（Tensor としては（ミニバッチ内点群数）$\times 3 \times 3$）し，単位行列 `id_matrix` と足し合わせて出力としています．この行列を後に点群ごとに入力点群に作用させ，回転の正規化を図ります．

PointNet ではさらに，特徴量空間でも行列を作用させることで，ある種の特徴量の変換[注2]のような操作を行います．これは点群全体の特徴量から抽出した情報を点群全体に作用させていることになり，ネットワーク全体が Symmetric Function であるという制約のまま，点群全体を考慮した特徴量変換になるように設計されています．実装は次のようになっています．

```
1  class FeatureTNet(nn.Module):
2      def __init__(self):
3          super(FeatureTNet, self).__init__()
4          self.input_mlp = nn.Sequential(
5              nn.Linear(64, 64), nn.BatchNorm1d(64), nn.ReLU(),
6              nn.Linear(64, 128), nn.BatchNorm1d(128), nn.ReLU(),
7              nn.Linear(128, 1024), nn.BatchNorm1d(1024), nn.ReLU(),
8          )
9          self.output_mlp = nn.Sequential(
10             nn.Linear(1024, 512), nn.BatchNorm1d(512), nn.ReLU(),
11             nn.Linear(512, 256), nn.BatchNorm1d(256), nn.ReLU(),
12             nn.Linear(256, 64*64)
13         )
14
15     def forward(self, x, batch):
16         x = self.input_mlp(x)
17         x = global_max_pool(x, batch)
18         x = self.output_mlp(x)
19         x = x.view(-1, 64, 64)
20         id_matrix = torch.eye(64).to(x.device).view(1, 64, 64).repeat(x.shape[0], 1, 1)
```

注2　特徴量に行列を作用させることは，いまの特徴量空間から変換先の特徴量空間への線形写像に対応します．この操作によって特徴量を変換します．

```
21          x = id_matrix + x
22          return x
```

大枠としてはさきほどの入力点群における T-Net と同様です．こちらは入力の次元が各点 64 次元で，64 次元空間での基底変換を表す行列を出力します．ネットワークの出力が単位行列との差分となっている工夫もさきほどと同様です．PointNet では，この特徴量空間での T-Net が出力する行列を作用させることによって情報が失われないように，できるだけ回転行列になっているような損失関数 L_{reg} を導入しています．これは T-Net の出力する行列を R としたとき

$$L_{reg} = \|R^{\top}R - I\| \tag{6.3}$$

が小さくなるような損失関数となっています．R が正規直交であるとき，$R^{\top}R$ は I となります．したがって，この損失関数は T-Net の出力する関数が正規直交となるように制約するものとなっています．

6.3.2 PointNet によるクラス分類

以上のパーツをもとに，クラス分類用の PointNet の全体を見てみましょう．ネットワーク構造は図 6.7 に示します．

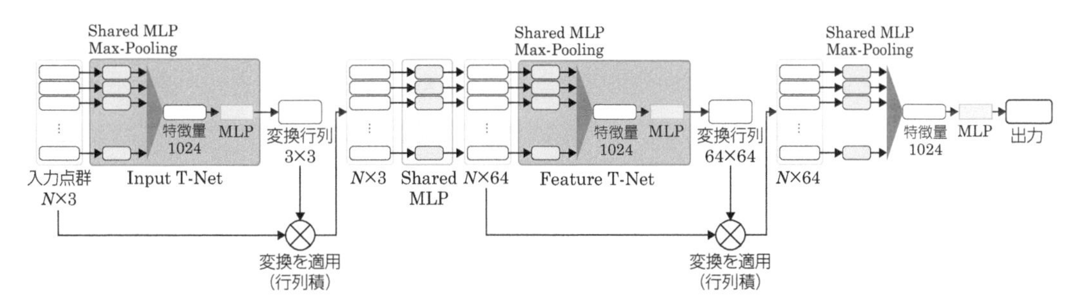

図 6.7　クラス分類用の PointNet のネットワーク構造

```
1   class PointNetClassification(nn.Module):
2       def __init__(self):
3           super(PointNetClassification, self).__init__()
4           self.input_tnet = InputTNet()
5           self.mlp1 = nn.Sequential(
6               nn.Linear(3, 64), nn.BatchNorm1d(64), nn.ReLU(),
7               nn.Linear(64, 64), nn.BatchNorm1d(64), nn.ReLU(),
8           )
9           self.feature_tnet = FeatureTNet()
10          self.mlp2 = nn.Sequential(
11              nn.Linear(64, 64), nn.BatchNorm1d(64), nn.ReLU(),
12              nn.Linear(64, 128), nn.BatchNorm1d(128), nn.ReLU(),
```

```
13              nn.Linear(128, 1024), nn.BatchNorm1d(1024), nn.ReLU(),
14          )
15          self.mlp3 = nn.Sequential(
16              nn.Linear(1024, 512), nn.BatchNorm1d(512), nn.ReLU(), nn.Dropout(p=0.3),
17              nn.Linear(512, 256), nn.BatchNorm1d(256), nn.ReLU(), nn.Dropout(p=0.3),
18              nn.Linear(256, 10)
19          )
20
21      def forward(self, batch_data):
22          x = batch_data.pos
23
24          input_transform = self.input_tnet(x, batch_data.batch)
25          transform = input_transform[batch_data.batch, :, :]
26          x = torch.bmm(transform, x.view(-1, 3, 1)).view(-1, 3)
27
28          x = self.mlp1(x)
29
30          feature_transform = self.feature_tnet(x, batch_data.batch)
31          transform = feature_transform[batch_data.batch, :, :]
32          x = torch.bmm(transform, x.view(-1, 64, 1)).view(-1, 64)
33
34          x = self.mlp2(x)
35          x = global_max_pool(x, batch_data.batch)
36          x = self.mlp3(x)
37
38          return x, input_transform, feature_transform
```

このモデルには入力点群に対する T-Net (input_tnet)，特徴量空間での T-Net (feature_tnet)，点ごとに特徴量を変換する Shared MLP が 2 つ (mlp1, mlp2)，最終的に出力された特徴量からクラス確率を出力する MLP (mlp3) があり，これらはそれぞれ 2 行目以降で初期化されています．汎化のため mlp3 についてはドロップアウトが導入されています．点群が入力されたときのデータの流れを追ってみると，まず 24 行目で入力点群に対する T-Net (input_tnet) によって，入力点群に対応した回転行列を計算 (input_transform) します．この回転行列は入力点群それぞれについて計算されており，結合されて Tensor に格納されているため，各点について展開する必要があります．25 行目ではこの展開を行っており，batch_data.batch に記述されている「どの点はどの点群に属しているか」というインデックスを用いて各点に対応する回転行列を得ます．この操作により，transform は（全点数）×3 × 3 という Tensor になります．26 行目では bmm (batch matrix multiplication) によって，この Tensor を各点の座標に掛け合わせる操作を行っています．行列積で計算するために視点によって見かけの行列の型を調整しています．28 行目で回転が正規化された点群を Shared MLP に入力し，各点について 64 次元の特徴量を得ます．30 行目では，ここまでで得られた特徴量を特徴量空間での T-Net (feature_tnet) に入力し，特徴量空間で作用させるための行列を計算します．30, 31 行目では入力点群の場合と同様の手順で行列を点ごとに展開し作用させます．ここまでの操作で得られた各点 64 次元の特徴量を，さらに mlp2 の Shared MLP に入力，各点の特徴量を 1024 次元にします．その後，各点 1024 次元の特徴量を 35 行目の Max-Pooling によって点群ごとに 1024 次元の特徴量に変換，得られた特徴量を mlp3 の MLP に入力し，10 次元のクラス尤度を推定します．このクラス尤度は後に交差エントロピー損失関数によって評価され，クラス分類タスクとして学習します．

このモデルを用いた学習用のサンプルコードを紹介します．まずは各種準備を行います．

```
1   import torch
2   from torch.utils.tensorboard import SummaryWriter
3
4   num_epoch = 400
5   batch_size = 32
6
7   device = torch.device("cuda:0") if torch.cuda.is_available() else torch.device("cpu")
8   model = PointNetClassification()
9   model = model.to(device)
10
11  optimizer = torch.optim.Adam(lr=1e-4, params=model.parameters())
12  scheduler = torch.optim.lr_scheduler.StepLR(optimizer, step_size=num_epoch // 4, gamma=0.5)
13
14  log_dir = current_path / "log_modelnet10_classification"
15  log_dir.mkdir(exist_ok=True)
16  writer = SummaryWriter(log_dir=log_dir)
17
18  train_dataloader = DataLoader(train_dataset, batch_size=batch_size, shuffle=True)
19  test_dataloader = DataLoader(test_dataset, batch_size=batch_size, shuffle=False)
20
21  criteria = torch.nn.CrossEntropyLoss()
```

4 行目でエポック数，5 行目でミニバッチに含む点群数を指定しています．7 行目で今回は CUDA 環境で GPU が利用できるか確認し，デバイスを指定しています．8 行目でここまでに実装したモデルを生成し，9 行目でデバイスに転送しています．11，12 行目では optimizer 関連の設定をしています．optimizer には Adam を利用し学習率は 0.0001 を設定，学習率は全エポック数を 4 等分して，それぞれの手順で半分に減衰するように設定しています．このあたりの詳細は PyTorch のドキュメント，あるいは PyTorch による深層学習の実装に関する書籍[86][87]などを参照してください．14 行目からはログ出力先の生成・設定を，18 行目からは，Dataset からミニバッチにまとめて順次読み込むためのクラスであるデータローダの設定を行っています．データローダについて，学習時のデータローダは shuffle=True を指定し点群データの並び順をエポックごとに並べ替えを行うようにしています．21 行目の criteria では，学習に用いる損失関数を生成しています．ここでは交差エントロピー損失関数を用いて，ネットワークが出力したクラス尤度とデータセットにある正解クラスによって損失関数を計算します.

次に学習ループ全体を示します.

```
1  from tqdm import tqdm
2
3  for epoch in range(num_epoch):
4      model = model.train()
5
6      losses = []
7      for batch_data in tqdm(train_dataloader, total=len(train_dataloader)):
8          batch_data = batch_data.to(device)
9          this_batch_size = batch_data.batch.detach().max() + 1
10
11         pred_y, _, feature_transform = model(batch_data)
12         true_y = batch_data.y.detach()
13
14         class_loss = criteria(pred_y, true_y)
15         accuracy = float((pred_y.argmax(dim=1) == true_y).sum()) / float(this_batch_size)
16
17         id_matrix = torch.eye(feature_transform.shape[1]).to(feature_transform.device).
18             view(1, 64, 64).repeat(feature_transform.shape[0], 1, 1)
19         transform_norm = torch.norm(torch.bmm(feature_transform, feature_transform.
20             transpose(1, 2)) - id_matrix, dim=(1, 2))
21         reg_loss = transform_norm.mean()
22
23         loss = class_loss + reg_loss * 0.001
24
25         losses.append({
26             "loss": loss.item(),
27             "class_loss": class_loss.item(),
28             "reg_loss": reg_loss.item(),
29             "accuracy": accuracy,
30             "seen": float(this_batch_size)})
31
32         optimizer.zero_grad()
33         loss.backward()
34         optimizer.step()
35         scheduler.step()
36
37     if (epoch % 10 == 0):
38         model_path = log_dir / f"model_{epoch:06}.pth"
39         torch.save(model.state_dict(), model_path)
40
41     loss = 0
42     class_loss = 0
43     reg_loss = 0
44     accuracy = 0
45     seen = 0
46     for d in losses:
47         seen = seen + d["seen"]
48         loss = loss + d["loss"] * d["seen"]
```

```
49            class_loss = class_loss + d["class_loss"] * d["seen"]
50            reg_loss = reg_loss + d["reg_loss"] * d["seen"]
51            accuracy = accuracy + d["accuracy"] * d["seen"]
52        loss = loss / seen
53        class_loss = class_loss / seen
54        reg_loss = reg_loss / seen
55        accuracy = accuracy / seen
56        writer.add_scalar("train_epoch/loss", loss, epoch)
57        writer.add_scalar("train_epoch/class_loss", class_loss, epoch)
58        writer.add_scalar("train_epoch/reg_loss", reg_loss, epoch)
59        writer.add_scalar("train_epoch/accuracy", accuracy, epoch)
60
61        with torch.no_grad():
62            model = model.eval()
63
64            losses = []
65            for batch_data in tqdm(test_dataloader, total=len(test_dataloader)):
66                batch_data = batch_data.to(device)
67                this_batch_size = batch_data.batch.detach().max() + 1
68
69                pred_y, _, feature_transform = model(batch_data)
70                true_y = batch_data.y.detach()
71
72                class_loss = criteria(pred_y, true_y)
73                accuracy = float((pred_y.argmax(dim=1) == true_y).sum()) /
74                    float(this_batch_size)
75
76                id_matrix = torch.eye(feature_transform.shape[1]).
77                    to(feature_transform.device).view(1, 64, 64).repeat(feature_transform.shape[0], 1, 1)
78                transform_norm = torch.norm(torch.bmm(feature_transform, feature_transform.
79                    transpose(1, 2)) - id_matrix, dim=(1, 2))
80                reg_loss = transform_norm.mean()
81
82                loss = class_loss + reg_loss * 0.001
83
84                losses.append({
85                    "loss": loss.item(),
86                    "class_loss": class_loss.item(),
87                    "reg_loss": reg_loss.item(),
88                    "accuracy": accuracy,
89                    "seen": float(this_batch_size)})
90
91            loss = 0
92            class_loss = 0
93            reg_loss = 0
94            accuracy = 0
95            seen = 0
96            for d in losses:
97                seen = seen + d["seen"]
98                loss = loss + d["loss"] * d["seen"]
99                class_loss = class_loss + d["class_loss"] * d["seen"]
100               reg_loss = reg_loss + d["reg_loss"] * d["seen"]
```

```
101                 accuracy = accuracy + d["accuracy"] * d["seen"]
102             loss = loss / seen
103             class_loss = class_loss / seen
104             reg_loss = reg_loss / seen
105             accuracy = accuracy / seen
106             writer.add_scalar("test_epoch/loss", loss, epoch)
107             writer.add_scalar("test_epoch/class_loss", class_loss, epoch)
108             writer.add_scalar("test_epoch/reg_loss", reg_loss, epoch)
109             writer.add_scalar("test_epoch/accuracy", accuracy, epoch)
```

11 行目でミニバッチのデータをネットワークに入力します．このネットワークは推論したクラス尤度 (pred_y) と入力点群に対する変換行列，特徴量空間での変換行列 (feature_transform) を出力します．14 行目で推論したクラス尤度 (pred_y) と正解データ (true_y) を交差エントロピー損失関数で比較しています．正解データ (true_y) は 12 行目で batch_data.y から取り出されています．クラス尤度が最大となるのが推定されたクラスであるため，pred_y.argmax(dim=1) で推定されたクラスがわかります．15 行目ではこの推定されたクラスと正解クラスを比較し，クラス分類の推定精度を計算しています．さらに特徴量空間での変換行列 (feature_transform) が正規直交になるように，19, 21 行目で損失関数を計算しています．以上で計算された各損失関数の値を 21 行目で足し合わせ，32〜35 行目で optimizer を用いてこのミニバッチについての誤差からネットワークのパラメータを更新します．37〜39 行目では 10 エポックに 1 回，ネットワークのパラメータを保存しています．41〜59 行目で，今回のエポックについての統計情報を記録しています．これには PyTorch の Tensorboard[3]互換のログ機能を用いています．エポックあたりの合計損失関数の平均，クラス分類損失関数の平均，変換行列に関する損失関数の平均，推定されたクラスの精度を記録しており，これらは Tensorboard を用いることでブラウザから確認できます．提供している Docker 環境の場合，Jupyter Notebook 環境内のターミナルから

```
$ tensorboard --logdir log_modelnet10_classification --port 6006 --bind_all
```

で Tensorboard を起動した後，Docker が動作している PC の 6006 ポートにブラウザからアクセスします．59 行目以降はテストデータについて推論を行い，テストデータに関する損失関数や精度について評価します．こちらも Tensorboard から確認できるように記録しています．学習ループは先に設定したエポック数だけ行われます．

6.3.3 PointNet によるセマンティックセグメンテーション

PointNet では，クラス分類だけではなくセマンティックセグメンテーションを行うための手法も提案しています．3 次元点群におけるセマンティックセグメンテーションとは，各点に

紐付いたセマンティックラベル（その物体が何であるか）を推定するタスクです．

はじめに，セマンティックセグメンテーションのためのデータセットを読み込んでみましょう．PyTorch Geometric では，S3DIS[8]というスタンフォード大学によって提供されている室内シーンのデータセットを利用できます．

```
1   from pathlib import Path
2   from torch_geometric.datasets import S3DIS
3
4   import ssl
5   ssl._create_default_https_context = ssl._create_unverified_context
6
7   current_path = Path.cwd()
8   dataset_dir = current_path / "S3DIS"
9
10  train_dataset = S3DIS(dataset_dir, test_area=6, train=True, transform=None,
11      pre_transform=None, pre_filter=None)
12  test_dataset = S3DIS(dataset_dir, test_area=6, train=False, transform=None,
13      pre_transform=None, pre_filter=None)
```

読み込みの方法は ModelNet の場合とほぼ同様で，自動でダウンロード・展開し PyTorch Geometric で利用可能なデータセットとして提供されています．2022 年 7 月 4 日現在，データセットを提供しているサーバーの SSL 証明書の都合で 4, 5 行目の処理を記載する必要があります．実際にデータを見てみると

```
1   print("train_dataset len:", len(train_dataset))
2   print(train_dataset[0])
```

の実行結果として，

```
train_dataset len: 20291
Data(pos=[4096, 3], x=[4096, 6], y=[4096])
```

を得ます．この結果から学習用データセットには 20,291 の点群データがあり，各点群は 4,096 点からなることがわかります．クラス分類の場合とは異なり，ラベルは点ごとに与えられています．このラベルはセマンティックなラベルであり，それぞれ floor, wall や table, chair などのその点がどんな物体に属しているかを意味します．データの例を図 6.8，図 6.9 に示します．また，各点の座標 (pos) の他に 6 次元の点ごとの特徴量 (x) が利用可能であり，これは各点における色と法線になっています[注3]．本書では簡単のため，3 次元座標のみを入力として扱うこ

注3　ModelNet の場合とは異なり，法線が明示的に norm として扱われていません．

図 6.8　S3DIS に含まれるデータの例

図 6.9　S3DIS に含まれるデータの例

ととしますが，必要に応じてこれらのような各点に紐付いたデータは点ごとの入力特徴量として利用可能です．

PointNet によるセマンティックセグメンテーションは，クラス分類のネットワークを拡張する形で実現します．PointNet の基本構造を利用して，まずは点群ごとに 1 つの特徴量ベクトルを出力します．この特徴量ベクトルは点群全体の特徴をとらえていることから，大域特徴量と呼ばれます．この大域特徴量と，特徴量についての T-Net で変換した点ごとの特徴量（64 次元）を結合することで，点群全体の特徴と各点の特徴を同時に記述したベクトルを点ごとに得ることができます．この点ごとの特徴量からさらに Shared MLP で点ごとにその点がどのような物体クラスに所属していたかを示すクラス尤度を出力します．この出力は点ごとに異なる値が出力されるため，各点についての正解ラベルと比較することでセマンティックセグメンテーションの学習が実現します．

それでは PointNet によるセマンティックセグメンテーションの実装例を見てみましょう．

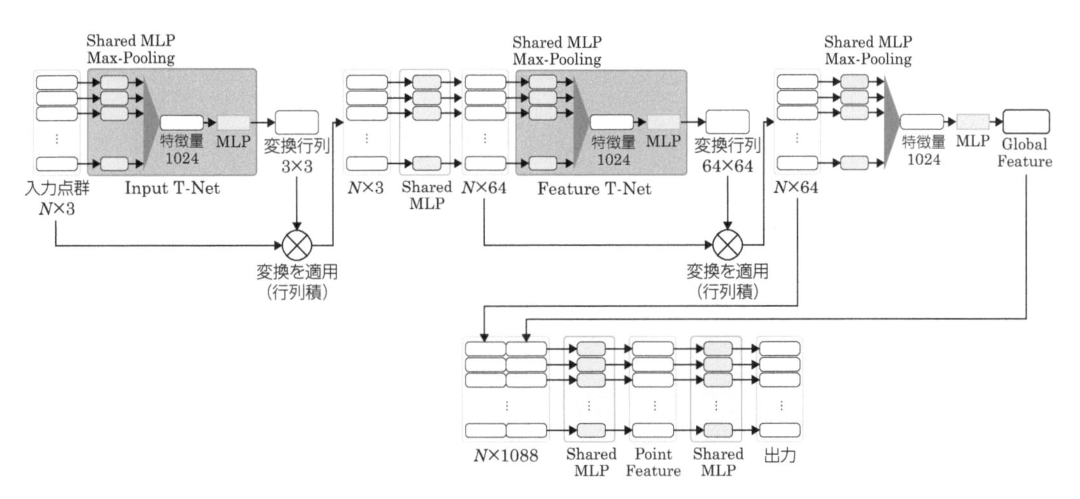

図 6.10　セマンティックセグメンテーション用の PointNet のネットワーク構造

ネットワーク構造は図 6.10 に示します.

このクラスはクラス分類用の PointNet をベースにしており，これまでに実装した各クラスを利用しています.

```
class PointNetSegmentation(nn.Module):
    def __init__(self):
        super(PointNetSegmentation, self).__init__()
        self.input_tnet = InputTNet()
        self.mlp1 = nn.Sequential(
            nn.Linear(3, 64), nn.BatchNorm1d(64), nn.ReLU(),
            nn.Linear(64, 64), nn.BatchNorm1d(64), nn.ReLU(),
        )
        self.feature_tnet = FeatureTNet()
        self.mlp2 = nn.Sequential(
            nn.Linear(64, 64), nn.BatchNorm1d(64), nn.ReLU(),
            nn.Linear(64, 128), nn.BatchNorm1d(128), nn.ReLU(),
            nn.Linear(128, 1024), nn.BatchNorm1d(1024), nn.ReLU(),
        )
        self.mlp3 = nn.Sequential(
            nn.Linear(1088, 512), nn.BatchNorm1d(512), nn.ReLU(),
            nn.Linear(512, 256), nn.BatchNorm1d(256), nn.ReLU(),
            nn.Linear(256, 128), nn.BatchNorm1d(128), nn.ReLU(),
            nn.Linear(128, 13)
        )

    def forward(self, batch_data):
        x = batch_data.pos

        input_transform = self.input_tnet(x, batch_data.batch)
        transform = input_transform[batch_data.batch, :, :]
        x = torch.bmm(transform, x.view(-1, 3, 1)).view(-1, 3)
```

```
28
29          x = self.mlp1(x)
30
31          feature_transform = self.feature_tnet(x, batch_data.batch)
32          transform = feature_transform[batch_data.batch, :, :]
33          x = torch.bmm(transform, x.view(-1, 64, 1)).view(-1, 64)
34          pointwise_feature = x
35
36          x = self.mlp2(x)
37          x = global_max_pool(x, batch_data.batch)
38          global_feature = x[batch_data.batch, :]
39
40          x = torch.cat([pointwise_feature, global_feature], axis=1)
41          x = self.mlp3(x)
42
43          return x, input_transform, feature_transform
```

クラス分類用のネットワークとの差異として，各点での特徴量を pointwise_feature，Max-Pooling で得られた特徴量を global_feature として，これらを結合した特徴量から各点でのクラス尤度を出力するようになっています．38 行目では，ミニバッチ内の各点について大域特徴量をコピーしています．このとき各点に紐付いた大域特徴量が x の何番目に格納されているかを得るために，PyTorch Geometric におけるミニバッチでの batch によるインデックスを利用しています．40 行目では pointwise_feature と global_feature を点ごとに結合し，41 行目で Shared MLP に入力，各点のクラス尤度を出力します．この Shared MLP では 1088 次元（1024 次元＋ 64 次元），512 次元，256 次元，128 次元と点ごとに特徴量を変換し，点ごとに 128 次元のベクトルとします[注4]．今回の実装では，このベクトルから最終的に得たいクラス数である 13 次元に Shared MLP で変換する部分までを mlp3 としてまとめています．学習用のサンプルコードについては，クラス分類の場合とほとんど同じであるため省略します．

6.4 点群の畳み込み

6.3 節で紹介した PointNet は，点群全体の特徴を 1 つのベクトルで表す構成となっていました．特に，点の順序によらない特徴量とするため，Global Pooling によって点群全体の特徴量を一気に集約しています．しかし，このアプローチでは各点の情報を取り扱う (Shared MLP) か全体を一気に処理する（T-Net など）ことしかできません．一方，画像処理を行う

注4　PointNet では，これを Point Feature と呼んでいます．

ニューラルネットワークなどでは畳み込み (convolution) によって局所特徴量をうまくとらえるための手法が大きな成功を収めています．3 次元形状についても，各点まわりの局所形状に着目して情報を抽出することができれば，純粋な PointNet よりもうまく形状をとらえることができることが期待されます．

このようなモチベーションから，さまざまな点群に対する畳み込み手法が提案されてきました．本書ではその中でも，シンプルなアイデアで点群畳み込みが理解しやすい Edge Conv を紹介します．Edge Conv は Dynamic Graph CNN (DGCNN)[74]において提案された畳み込み手法で，入力点群が配置されている空間（ユークリッド空間）だけでなく特徴量空間でも近傍探索・畳み込みを行う手法となっています．今回は簡単のため，ユークリッド空間での畳み込みについて紹介・実装をします．

はじめに，畳み込み演算の一般化をします．1 次元のデータ（テキスト，音声など）や 2 次元のデータ（画像など）における畳み込みは，着目するデータ点と各データ点における特徴量が与えられたときに，着目点まわりの近傍領域を考えて，近傍領域の特徴量の重み付き和によって特徴量を計算するというものでした．整理のためある点 $\mathbf{p}$ とその点における特徴量 $\mathbf{f_p}$ が与えられたとします．近傍領域を Δ として，近傍領域内の各点を $\delta\mathbf{p}(\in \Delta)$，各 $\delta\mathbf{p}$ に対応する重みを $\mathbf{w}_{\delta\mathbf{p}}$ とします．点 $\mathbf{p}+\delta\mathbf{p}$ における特徴量 $\mathbf{f}_{\mathbf{p}+\delta\mathbf{p}}$ についてある重み $\mathbf{w}_{\delta\mathbf{p}}$ を適用するには，

$$\mathbf{w}_{\delta\mathbf{p}}{}^{\top}\mathbf{f}_{\mathbf{p}+\delta\mathbf{p}} \tag{6.4}$$

という内積計算を行います．ここでは，出力が 1 次元の特徴量であると仮定していましたが，もちろん複数次元の特徴量を出力するように設計することもできます．このような場合を考えると，一般には重み $\mathbf{w}_{\delta\mathbf{p}}$ は（出力特徴量の次元）×（入力特徴量の次元）の行列で表せます．そのため，以降では重みを $\mathbf{w}_{\delta\mathbf{p}}$ とし，ある点についての重みの適用を

$$\mathbf{w}_{\delta\mathbf{p}}\mathbf{f}_{\mathbf{p}+\delta\mathbf{p}} \tag{6.5}$$

と考えます．畳み込み演算では近傍領域を Δ について，上記の重みの適用をして和をとる操作を行います．したがって，ある点 $\mathbf{p}$ における畳み込み演算は

$$\sum_{\delta\mathbf{p}\in\Delta}\mathbf{w}_{\delta\mathbf{p}}\mathbf{f}_{\mathbf{p}+\delta\mathbf{p}} \tag{6.6}$$

によって計算できます．ここで $\mathbf{w}_{\delta\mathbf{p}}$ によって与えられる重みは畳み込みにおけるカーネルと呼ばれます．

点群の場合にはグリッド構造がないため，画像のときのような近傍領域を定義（例えば近傍 5 × 5 画素を近傍とするなど）することができません．その代わりに，点群における畳み込みでは kNN (k-Nearest Neighbor) や radius Neighbor による近傍の設定がよく行われます．

kNN は着目点に距離が近い k 個の点を近傍とする手法，radius Neighbor は着目点から半径 r 以内の点を近傍とする手法です（図 6.11）．

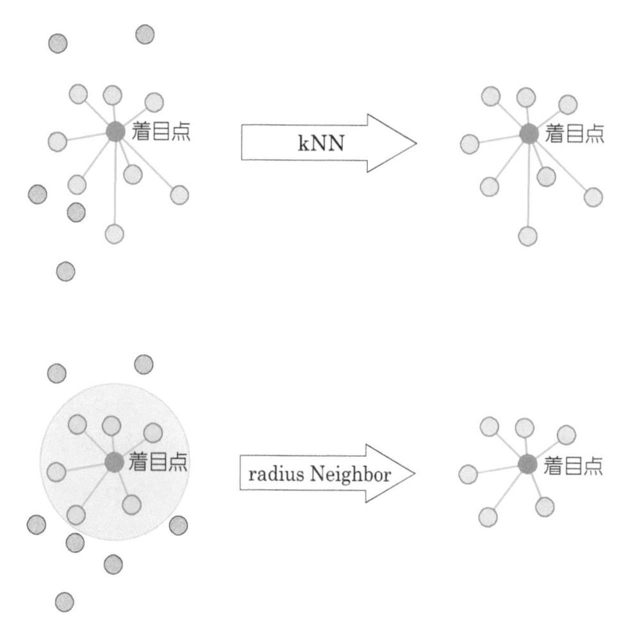

図 6.11　kNN と radius Neighbor での近傍点選択の例

このような手法で得られた着目点 $\mathbf{p}$ についての近傍点の集合を $N(\mathbf{p})$ として，$\mathbf{p}$ に関する畳み込み演算を考えます．ある近傍点 $\mathbf{q}(\in N(\mathbf{p}))$ について，対応する特徴量は $\mathbf{f_q}$ で与えられます．Edge Conv では着目点の特徴量 $\mathbf{f_p}$ そのものと，近傍点の特徴量と着目点の特徴量の差分 $\mathbf{f_q} - \mathbf{f_p}$ を考えます．これらを結合して Shared MLP で変換し，点ペアに関する特徴量とします．この点ペアごとの特徴量を Max-Pooling することによって，着目点についての出力特徴量を得ます．点ペアに関する特徴量を計算する Shared MLP を $\mathbf{g}(\cdot)$ とすると，ある点 $\mathbf{p}$ 近傍の点群に対応する特徴量をまとめた行列 H は

$$H = [\mathbf{g}(\mathbf{f_p}, \mathbf{f_{q_1}} - \mathbf{f_p}), \mathbf{g}(\mathbf{f_p}, \mathbf{f_{q_2}} - \mathbf{f_p}), \cdots, \mathbf{g}(\mathbf{f_p}, \mathbf{f_{q_i}} - \mathbf{f_p}), \cdots] \tag{6.7}$$

となります．この行列 H の i, j 成分を $h_{i,j}$ とし

$$\left[\max_j h_{1,j}, \max_j h_{2,j}, \cdots, \max_j h_{i,j}, \cdots\right] \tag{6.8}$$

のように点群方向に Max-Pooling を行うことで Edge Conv における $\mathbf{p}$ での畳み込みを行います．グリッド上での畳み込みと比較すると，グリッド上のデータにおける総和演算が Max-Pooling で代替されており，またカーネルと重み付き和の計算に相当する部分が Shared

MLP に置き換わっていることがわかります．Edge Conv の場合にはこのようなモデルで点群の畳み込みを行っていますが，例えば相対座標からカーネルを計算し，畳み込みは局所点群に関する重み付き和で行う手法（SpiderCNN, FlexConv など）などもあります．

それでは実際に実装してみましょう．PyTorch Geometric には Edge Conv の実装がありますが，ここでは手法の理解と PyTorch Geometric における Edge 上の特徴量（点群における点ペアに対する特徴量に対応）の扱いを紹介するために，あえて自前で実装します．

サンプルデータとして ModelNet を利用するために，ModelNet の読み込みとミニバッチへの整形を済ませておきます[注5]．

```
1  from pathlib import Path
2  from torch_geometric.datasets import ModelNet
3  import torch_geometric.transforms as T
4  
5  current_path = Path.cwd()
6  dataset_dir = current_path / "modelnet10"
7  
8  pre_transform = T.Compose([
9      T.SamplePoints(1024, remove_faces=True, include_normals=True),
10     T.NormalizeScale(),
11 ])
12 
13 train_dataset = ModelNet(dataset_dir, name="10", train=True, transform=None,
14     pre_transform=pre_transform, pre_filter=None)
15 test_dataset = ModelNet(dataset_dir, name="10", train=False, transform=None,
16     pre_transform=pre_transform, pre_filter=None)
17 
18 from torch_geometric.data import DataLoader as DataLoader
19 dataloader = DataLoader(train_dataset, batch_size=32, shuffle=False)
20 batch = next(iter(dataloader))
```

はじめに，kNN による近傍点群の探索を行います．一般に kNN による近傍探索を行う場合，クエリ点群と探索対象の点群が考えられます．すなわち，クエリ点群の各点について探索対象の点群中の最近傍点を見つけるという問題を解きます．今回はクエリ点群・探索対象の点群が同一ですので，以下の例では x, y に同じデータを入力として与えています．

```
1  from torch_geometric.nn import knn
2  
3  assign_index = knn(x=batch.pos, y=batch.pos, k=16, batch_x=batch.batch, batch_y=batch.batch)
4  print(assign_index.shape)
5  print(assign_index)
```

注5 PyTorch Geometric による 3 次元点群の扱いの際に用いたコードと同様です．

kNN による近傍点群の探索は 3 行目で行われています．PyTorch Geometric の提供する関数 knn() は x として探索対象の点群，y としてクエリ点群を与えます．この関数は PyTorch Geometric における Batch に対する処理に対応しており，ミニバッチについてまとめて kNN による近傍点群の探索を実行できます．この際には batch_x, batch_y として x, y それぞれに対応する batch 情報を入力します．今回はユークリッド空間での入力点群で kNN での探索を行うため，x, y ともに batch.pos を入力しています．また，引数 k によって近傍何点を探索するかを設定します．これを実行すると

```
torch.Size([2, 524288])
tensor([[    0,     0,     0,  ..., 32767, 32767, 32767],
        [    0,     1,   740,  ..., 32331, 32636, 32418]])
```

といった結果が表示されます．関数 knn() は近傍探索で得られた点ペアを列挙した 2×（点ペア数）の Tensor を返します．各点ペアは 2 次元の整数値のベクトルで記述されており，はじめの要素が y（探索対象の点群）における点のインデックス，次の要素が x（クエリ点群）における点のインデックスになっています．得られた点ペアに対応する各点の座標を取り出してみましょう．

```
1  p = batch.pos[assign_index[0, :], :]
2  q = batch.pos[assign_index[1, :], :]
3  print(p.shape, q.shape)
```

このように，探索によって点のインデックスが得られるために，このインデックスを利用して元のデータでの座標や特徴量にアクセスすることで近傍点群の座標や特徴量を抽出できます．

kNN による近傍探索を使って Edge Conv を実装してみると，以下のようになります．

```
1   from torch_geometric.nn import max_pool_x
2
3   class EdgeConv(nn.Module):
4       def __init__(self):
5           super(EdgeConv, self).__init__()
6           self.shared_mlp = nn.Sequential(
7               nn.Linear(6, 64), nn.BatchNorm1d(64), nn.LeakyReLU(negative_slope=0.2)
8           )
9
10      def forward(self, batch):
11          assign_index = knn(x=batch.pos, y=batch.pos, k=20, batch_x=batch.batch,
12              batch_y=batch.batch)
13          p = batch.pos[assign_index[1, :], :]
14          q = batch.pos[assign_index[0, :], :]
15          x = torch.cat([p, q-p], dim=1)
```

```
16            x = self.shared_mlp(x)
17
18            edge_batch = batch.batch[assign_index[1, :]]
19            x, _ = max_pool_x(cluster=assign_index[1, :], x=x, batch=edge_batch)
20            return x
21
22    f = EdgeConv()
23    y = f(batch)
24    print(y.shape)
```

この例では入力特徴量として点の座標そのものを利用します．EdgeConv モジュールはShared MLP によって点ペアから得られた特徴量を処理します．6 行目からの初期化で，この Shared MLP（ただしここでは DGCNN における実装にならい，線形層 1 層と Batch Normalization（バッチ正規化），LeakyReLU[45]による活性化関数としました）を利用できるようにします．10 行目からの実際の計算では，まず 11 行目で kNN による近傍点群の取得を行った後，13, 14 行目で近傍点群が与えられた各点ペアに対応する両点の座標を取り出します．これらを p, q とし，15 行目で Edge Conv における Shared MLP の入力となるよう p と q-p を結合して各点ペアに対応した入力特徴量とします．16 行目でこれらの入力特徴量を Shared MLP に入力，点ペアごとの特徴量を得ます．得られた特徴量を点ごとに Max-Pooling するために，18 行目でまず PyTorch Geometric における batch 情報を点ペアについて展開し，19 行目で点ごとに集約します．ここで使う max_pool_x は PyTorch Geometric の提供している関数で，与えた cluster（ここでは各注目点のインデックス）と batch（ここでは各入力点群）に従って Max-Pooling を適用します．

このような点群畳み込みを導入することで，局所形状をとらえた点群処理を深層学習によって行うことができるようになります．点群畳み込みはまだ発展途上の分野ではありますが，PyTorch Geometric にはすでに多くの点群畳み込み・グラフ畳み込み手法が実装されています．新たな手法が提案された場合でも，多くの場合にはその手法がどのように局所領域を抽出しているか，どのように点ペア（など）の情報を変形しているか，どのように点ごとの特徴量に集約しているかを確認することで，手法が理解できます．

6.5 最新研究動向

それでは最後に，近年の 3 次元点群処理における研究動向を紹介します．

6.5.1 点群を扱うネットワーク構造

はじめに，点群を扱うネットワーク構造のモジュールとなる手法を紹介します．

● 点群畳み込み

3 次元点群を畳み込む手法として，6.4 節では DGCNN[74]における Edge Conv を中心に紹介しました．もちろんこれ以外にも多数の点群畳み込み手法が提案されています．その中でも，PointNet++[59]，SpiderCNN[76]などは畳み込みの仕組みが単純で理解しやすいことに加え，扱いやすい実装が公開されているため，他のタスクのための特徴量抽出に用いられることが多くあります．また，計測されたセンサが深度センサだった場合や車載 LiDAR で取得された点群で地面の方向が既知の場合など，2 次元に投影することが自然な点群データの場合には深度画像として処理（深度センサだった場合）したり，Bird's Eye View（BEV，地面の方向が既知の場合）として投影して処理したりする例も多数あります[36, 39, 41, 47, 62, 77, 85]．この場合には 2 次元のデータとして扱うことができるため，既存の 2 次元での畳み込みニューラルネットワークを利用した特徴量抽出が適用できます．

● PointNet 構造の高速化

高速な推論を実現するために，PointNet の基本構造である Shared MLP を Look Up Table (LUT) で置き換える手法 Justlookup[42]が提案されています．これは Shared MLP が入力点それぞれについて独立に何度も計算されることに着目した高速化です．Shared MLP と Max-Pooling を用いた構造のネットワークを一度学習後，Shared MLP の入出力を離散化し LUT で置き換え，Max-Pooling 後の MLP を改めてファインチューニングします．

● 3 次元点群の出力

3 次元点群をニューラルネットワークに入力するだけでなく，ニューラルネットワークの出力として 3 次元点群を扱うための手法も多数提案されています．入出力のいずれも行えるようになると，オートエンコーダとして学習させることで 3 次元点群を潜在表現に変換・逆変換するネットワークを学習できます．また，Generative Adversarial Networks (GAN) のアイデアを導入し，新奇な形状を生成できる可能性もあります．点群による表現に限らず，3 次元形状データの生成については今まさにさまざまな手法が研究・提案されている分野であるため，代表的なアイデアである MLP を使う手法（1 次元の順序付けを行って出力する）と FoldingNet（2 次元の順序付けを行って出力する）を紹介します．

Data-driven Upsampling[2]（3 次元点群のアップサンプリングを行う手法を提案した研究事例）では，Shared MLP と Max-Pooling で 3 次元点群を特徴量ベクトルに変換後，これを MLP で（点数）$\times 3$ 次元のテンソルに変換，各点の 3 次元座標と見なすことで 3 次元点群を出力します．これは本来順不同な 3 次元点群に対し，1 次元の順序付けを行って出力していると見なせます．

FoldingNet[79]は，点群が本質的には 2 次元多様体であることに着目し，2 次元のグリッド点を変形させることで 3 次元形状を再構成する手法です．PointNet に似たネットワークで点群全体の特徴量を抽出後，2 次元の各点の座標とこの特徴量を結合し Shared MLP で 3 次元座標を出力させます．さらに 3 次元座標と先の特徴量を改めて結合し，Shared MLP で変換することによって，2 次元のグリッド点を 3 次元点群に変換します．これは 3 次元点群に対し，2 次元の順序付けを行って出力していると見なせます．

6.5.2 応用タスク

ここでは深層学習を利用して 3 次元点群を処理するタスクの例と，それらを達成した手法の概要を述べます．

● 物体検出

ここでの物体検出は，3 次元点群中に存在する物体を検出し，場合によってはその物体の姿勢を推定するタスクを指します．特に車載 LiDAR で取得された点群から車や歩行者を検出する例や，ロボットによる物体ハンドリングにおいて把持対象の物体を検出する例について多数の研究事例があります．

物体検出において特に重要な手法として VoteNet[58]があります．これは日常的なシーン中の複数の物体について，そのクラスと大まかな姿勢（バウンディングボックス）を併せて推定します．入力されたシーン点群から点群畳み込み（ここでは PointNet++）とサブサンプリング手法（ここでは Furthest Point Sampling）によってサブサンプリングされた点群における特徴量を計算，これらの点群および点群に紐付いた特徴量から，各点が属する物体の中心座標を推定します．推定された物体中心座標に投票 (Voting) を行い，これらの推定された中心座標をクラスタリングすることで物体を検出，さらに特徴量からクラス分類とバウンディングボックスの推定を行います．この手法はハフ変換のアイデアを 3 次元点群に適用した上で学習可能な枠組みを提示しており，学習ベースで 3 次元点群から物体検出するための指針としてよく用いられます．

車載 LiDAR で取得された点群から物体を検出する手法としては，PointPillars[39]が有名です．これは地面の方向が既知であることを利用して，3 次元点群を柱状の領域に分割，各柱領域から特徴量を計算し BEV の 2 次元画像に投影します．その後 2 次元画像として畳み込みニューラルネットワークを用いて物体検出を実現します．

● 局所特徴量計算

3 次元点群の位置合わせに用いるための局所特徴量も提案されています．これらの手法の基本的な戦略は，ユークリッド空間で近い 2 点から得られた特徴量は特徴量空間でも近く，ユークリッド空間で遠い 2 点から得られた特徴量は特徴量空間でも遠くなるように学習するというものです．例えば PPFNet[16]では，事前に Point Pair Feature (PPF) [17]を用いて回転不変な特徴量を計算し，これを各点に紐付いた特徴量としてネットワークに入力，ネットワークの出力として望ましい特徴量が得られるように学習を行います．3DSmoothNet[21]では，3 次元ボクセルとして局所形状の畳み込みを行い，こちらも望ましい特徴量になるように学習します．これらの手法は既存の特徴点検出・特徴量計算を用いた物体位置合わせの枠組みの一部を学習ベースの手法にすることを目指しています．

● 点群位置合わせ

既存の特徴点検出・特徴量計算の枠組みにとらわれず，深層学習を用いて点群同士の剛体変換を推定する手法も提案されています．ここで紹介する手法はいずれも，シーンには単一の物体が存在している（あるいは単一の物体のみが存在するように切り抜き済みである）ことを想定しています．

IT-Net[80]では，入力点群をデータセットで指定した姿勢に揃えるように学習する手法です．これは PointNet における T-Net を反復して適用することにより，徐々に目的の姿勢へと近づけるように設計されています．

PointNetLK[7]は，Lucas-Kanade 法による位置合わせと PointNet による特徴抽出を組み合わせた手法で，既存の最適化手法と深層学習を用いた点群処理を組み合わせた研究事例となっています．Lucas-Kanade 法は入力画像と出力画像を比較し，画像の輝度値の勾配を計算することで反復的に画像同士の位置合わせを行う手法です．PointNetLK では，入力点群から Shared MLP と (Max/Average-)Pooling によって特徴量を計算するネットワークを想定し，微小な姿勢変化についてどのように特徴量が変化するか（ヤコビアン）を考えることで姿勢を更新していきます．剛体変換パラメータに対する特徴量のヤコビアンの計算には数値微分を用いますが，Lucas-Kanade 法の中でも Inverse Composition アルゴリズムを利用することで，ヤコビアンの計算がテンプレート（位置合わせ対象の点群）に関する計算だけで済むため，姿勢の更新のたびにヤコビアンを計算する必要はありません．

ロボット応用では，DenseFusion[71]などの手法が提案されています．これは RGBD センサから得られたデータを入力し，物体の位置・姿勢を推定する手法です．入力されたデータは画像と点群に分離され，画像は 2 次元の畳み込みニューラルネットワーク，点群は PointNet で各点の特徴量が計算されます．これらから Shared MLP と Average-Pooling で全体の特徴量を計算後，各点の特徴量と結合して再度 Shared MLP で処理します．出力は各点での信頼度と姿勢の予測値となっており，推論時には信頼度の高い点が採用されます．さらに現在の姿勢との差分を推定するネットワークを備えており，手法全体として反復的に姿勢を更新することで安定した姿勢推定を実現します．

深層学習を用いた3次元点群の処理は発展途上の技術であり，ここに記載された手法よりも優れた手法や新たなタスクも次々と提案されています．興味があればぜひ最新の研究動向も確認してみてください．

章末問題

問題 6.1

PointNet のネットワーク構成を変えて学習させ，性能がどのように変化するかを見てみましょう．

問題 6.2

Edge Conv を PointNet に組み込んで，性能がどのように変化するかを見てみましょう．

問題 6.3

Edge Conv 以外の点群畳み込み手法について，PyTorch Geometric に実装されている別の手法を調べて試してみましょう．

問題 6.4

実際に3次元点群を計測し，手元のデータに対して3次元点群を入力とした深層学習手法を適用してみましょう．可能であれば，用意したデータ数に応じてどのように汎化性能が変わるかを確認してみましょう．

第7章

点群以外の3次元データ処理

本書では，主に 3 次元点群データを扱う処理について紹介してきました．しかし，3 次元データには点群の他にもさまざまなデータ形式が存在します．そして，処理の内容によっては，点群以外のデータ形式を扱うほうが適切である場合もあります．本章では，点群の他の 3 次元データ形式である RGBD データ，ボクセルデータ，メッシュデータ，そして多視点画像データの処理について紹介するとともに，これらのデータ形式の取得方法および点群データからの変換方法についても紹介します．そして最後に，近年注目されている新しい 3 次元形状表現である Implicit Function について，その概念と最先端研究例を紹介します．

7.1 RGBD 画像処理

3 次元計測器の中でも，Microsoft Kinect などの色距離センサを用いる場合，RGB カラー値と同時に，視点から物体表面までの深度 (Depth) の値が入った RGBD 画像データを取得できます．一般に，同じセンサを用いる場合，RGBD 画像データは点群データよりも省メモリで高速に取得できるため，ロボットなどのオンライン処理に向いています．例えば，一般物体認識を行う研究例として 5.1 節で紹介した Lai らの手法 [37]は，RGB 画像と（グレースケール画像に変換した）距離画像のそれぞれから勾配ベースの特徴量を抽出しています．そして，深層学習ベースの手法では，やはり RGB 画像と距離画像のそれぞれを入力とした異なるネットワークを学習し，最終的に両者の出力を統合するといった手法が主流となっています．

距離画像をニューラルネットワークに入力する際のエンコーディング方法として，HHA [23] がよく知られています．HHA は，距離画像を下記の 3 種類の値からなる 3 チャンネル画像に変換します．

1. horizontal disparity（水平線上の距離）
2. height above ground（地面からの高さ）
3. the angle the pixel's local surface normal makes with the inferred gravity direction（重力方向と法線ベクトルのなす角）

各チャンネルの値は，学習サンプルから計算された値の最大最小値を用いて，0 から 255 の値をとるよう正規化されます．ここで，重力方向は，距離画像中の最も多くの点の法線ベクトルと平行あるいは直交する方向を，繰り返しフィッティングにより決定しています．また，地面からの高さは，距離画像中の各画素の 3 次元座標（xyz 座標とする）を計算したときの高さ (y) について，距離画像全体の最小値を基準として計算します．

RGBD 画像データは，環境の幾何的情報を高速に取得可能であることから，Visual Odometry の推定 [65, 34, 54], およびそれを用いた Simultaneous Localization And Mapping (SLAM) [33]や 3 次元再構成（例えば，KinectFusion [52]）などにもよく用いられます．本節では，Open3D を用いた Visual Odometry の推定方法を以下に紹介します．まず，テストサンプルの 2 組の RGBD 画像データを読み込み描画します．

```
1  import open3d as o3d
2  import numpy as np
3  import matplotlib.pyplot as plt
4
5  dirname = "../3rdparty/Open3D/examples/test_data/"
6
```

```
7   source_color = o3d.io.read_image(dirname + "/RGBD/color/00000.jpg")
8   source_depth = o3d.io.read_image(dirname + "/RGBD/depth/00000.png")
9   target_color = o3d.io.read_image(dirname + "/RGBD/color/00001.jpg")
10  target_depth = o3d.io.read_image(dirname + "/RGBD/depth/00001.png")
11  source_rgbd = o3d.geometry.RGBDImage.create_from_color_and_depth(
12      source_color, source_depth)
13  target_rgbd = o3d.geometry.RGBDImage.create_from_color_and_depth(
14      target_color, target_depth)
15
16  plt.subplot(2, 2, 1)
17  plt.title("Source grayscale image")
18  plt.imshow(source_rgbd.color)
19  plt.subplot(2, 2, 2)
20  plt.title("Source depth image")
21  plt.imshow(source_rgbd.depth)
22  plt.subplot(2, 2, 3)
23  plt.title("Target grayscale image")
24  plt.imshow(target_rgbd.color)
25  plt.subplot(2, 2, 4)
26  plt.title("Target depth image")
27  plt.imshow(target_rgbd.depth)
28  plt.show()
```

これを実行すると，図 7.1 左のような画面が表示されます．今回は，ソース RGBD 画像（上図）をターゲット RGBD 画像（下図）に移動させるようなカメラの動き（オドメトリ）を推定します．このために，まずはカメラの内部パラメータ行列をファイルから取得します．

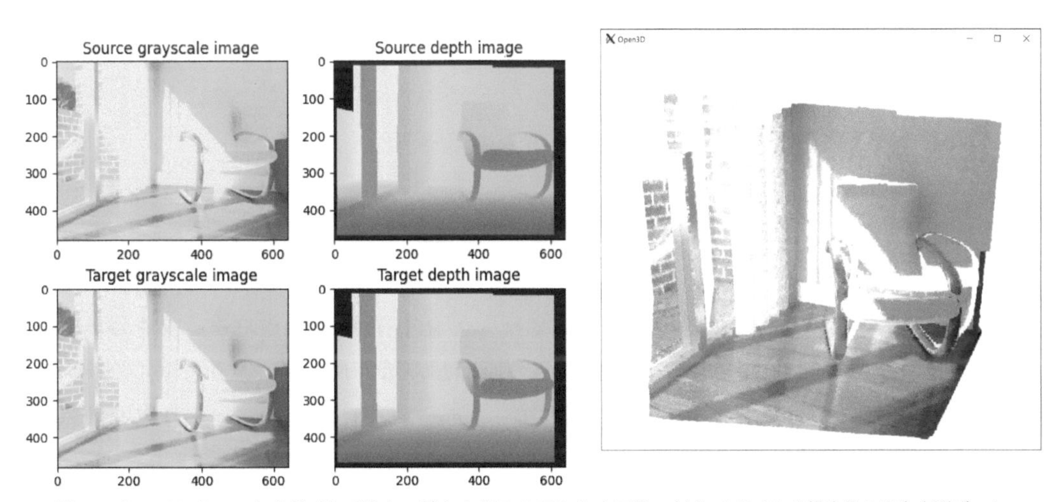

図 7.1　Open3D を用いたオドメトリ推定．（左）2 組の RGBD 入力画像，（右）オドメトリ推定後の出力点群データ

```
1   pinhole_camera_intrinsic = o3d.io.read_pinhole_camera_intrinsic(
2       dirname + "/camera_primesense.json")
3   print(pinhole_camera_intrinsic.intrinsic_matrix)
```

そして，下記を実行します．

```
1  option = o3d.pipelines.odometry.OdometryOption()
2  odo_init = np.identity(4)
3  print(option)
4  [success_term, trans_term, info] = o3d.pipelines.odometry.compute_rgbd_odometry(
5      source_rgbd, target_rgbd, pinhole_camera_intrinsic, odo_init, o3d.
6      pipelines.odometry.RGBDOdometryJacobianFromColorTerm(), option)
```

4 行目の関数が，Open3D に実装されている Steinbrucker らの手法 [65]です．この手法は，（変換後の）2 組の入力 RGBD 画像の輝度の差を最小化することでオドメトリを推定します．Open3D には，この手法の他に，（輝度の差だけでなく）幾何的な制約を考慮する Park らの手法 [54]も実装されており，上記の関数の 5 つ目の引数 o3d.pipelines.odometry.RGBDOdometryJacobianFromColorTerm() を o3d.pipelines.odometry.RGBDOdometryJacobianFromHybridTerm() に代えることで，Park らの手法を実行することが可能です．さて，最後にオドメトリ推定結果の確認のため点群データを表示させましょう．

```
1  if not success_term:
2      exit()
3  source_pcd = o3d.geometry.PointCloud.create_from_rgbd_image(
4      source_rgbd, pinhole_camera_intrinsic)
5  target_pcd = o3d.geometry.PointCloud.create_from_rgbd_image(
6      target_rgbd, pinhole_camera_intrinsic)
7  print("Using RGB-D Odometry")
8  print(trans_term)
9  source_pcd.transform(trans_term)
10 o3d.visualization.draw_geometries([target_pcd, source_pcd],
11                                   zoom=0.48,
12                                   front=[0.0999, -0.1787, -0.9788],
13                                   lookat=[0.0345, -0.0937, 1.8033],
14                                   up=[-0.0067, -0.9838, 0.1790])
```

9 行目の関数で，推定したオドメトリを用いてソース RGBD 画像の点群データを幾何変換しています．上記を実行すると，図 7.1 右のような画面が表示されます．こうして，ソース点群データとターゲット点群データの 2 つの点群データがきれいに重なっていることを確認できます．

なお，研究用の RGBD 画像ベンチマークデータセットはさまざまなものが存在しますが，データセットによって距離画像のフォーマットが異なります．Open3D では，NYU [51]，SUN [63]，TUM [66]，Redwood データセット [13]の RGBD 画像を読み込む関数がそれぞれ実装されています．これらの関数を用いた RGBD 画像入出力のサンプルコードは

3dpcp_book_codes レポジトリに置いてあります．

7.2 ボクセルデータ処理

ボクセルデータは，3 次元空間を等間隔のグリッドに分割し，各グリッドが値を持つようなデータ形式です．例えば，動画像ファイルのような時系列データや CT スキャンなどにより得られる医用画像のデータ表現に適しており，（ピクセル値が等間隔に並んだ）2 次元の画像データを単純に 3 次元へと拡張した形式であるため，さまざまな画像処理アルゴリズムを応用しやすいという点が優れています．本書は，3 次元センサなどにより得られる外界の（物体などの）3 次元データに注目しています．この場合，計測点を含むボクセルが 1，含まないボクセルが 0 といった値を持つバイナリのボクセルデータが得られることが一般的です．あるいは，Truncated Signed Distance Function (TSDF) という値を有するボクセルデータも存在します．TSDF データはボクセルデータに似たデータ構造で，物体表面を連続値で表すことができます．ある視点から見た物体のある点の深度 d と，視点からボクセルまでの距離 d' との差分を各ボクセルに割り当てた値を Signed Distance Function (SDF) と呼びます．そして，TSDF はある距離のしきい値 t を最大値，$-t$ を最小値として SDF を切り取り，次式のとおり正規化します．

$$\mathrm{tsdf} = \max\left(-1, \min\left(1, \frac{d-d'}{t}\right)\right) \tag{7.1}$$

こうすることで，物体の外部は 1，物体の内部は -1，物体の表面付近は 1 から -1 までの値が連続的に変化する値をとるようなデータが得られます．

ボクセルデータを入力とした物体認識の研究例を 2 つ紹介しましょう．3D ShapeNets [75] は，ボクセルデータを入力とした深層学習ベースの手法の中でも最も初期の手法の 1 つです．これは，ボクセルの占有／非占有を表す 0，1 の値からなる $30 \times 30 \times 30$ の 2 値ボクセルデータで物体全体を表し，ボクセル値の確率分布を出力する 3 次元の畳み込み深層信念ネットワークを学習します．この論文[75]の中で構築された 40 カテゴリの物体の CAD モデルデータセットである ModelNet は，以降，さまざまな 3 次元物体認識／検索手法の性能を比較するためのベンチマークデータセットとして広く使われています．次に，VoxNet [49]は 2 層の畳み込み層，1 層のプーリング層，2 層の全結合層からなる（比較的浅い）3 次元深層ニューラルネットワークです．これは 3D ShapeNets とほぼ同時期に提案された深層学習ベースの手法ですが，ModelNet データセットで 3D ShapeNets を上回る性能を記録しました．3D ShapeNets のボクセルデータはバイナリの占有度を表すのに対し，VoxNet は Density grid と呼ばれる点の密度を表す値を用いることで，ボクセルの占有度を連続値で表現しています．これにより，

2値のボクセルデータを入力とした場合よりもわずかに認識性能を上げています．なお，3D ShapeNetsの後続研究であるDeep Sliding Shapes [64]では，TSDF値を持つボクセルデータが使用されています．

ところで，物体認識などの処理にボクセルデータを使用する場合，大きな問題点が2つあります．第一に，データがスパースである点です．ボクセルデータは，計測点を含む箇所，すなわち物体表面以外はすべて0あるいは-1といった空のデータが並ぶため，メモリと計算量の観点から非効率な処理になりがちです．これに対し，データ適応型の省メモリ表現であるOctreeを用いた手法も存在しますが[73, 50]，画像処理でよく用いられるような同一の並列処理を広範囲に適用するアプローチがとりづらくなるでしょう．第二に，回転操作を扱いにくいという点が挙げられます．物体認識では姿勢に依存しない処理がしばしば必要となりますが，ボクセルデータの場合は，基準軸のずれによって生じる量子化誤差が無視できません．回転操作による変化が後段の特徴抽出などの処理に大きく影響するため，パターン認識タスクが困難になるのです．ただし，近年ではスパースボクセルデータを扱うために特化したライブラリ（MinkowskiEngine[注1]）などもあり，高解像度なスパースボクセルデータや3次元点群を計算効率よく扱えるような環境が整備されつつあります．特に深層学習を適用する場合などは，これらのライブラリの利用を検討してみてください．

さて，ここからはOpen3Dを用いたボクセルデータ処理を紹介します．まず，`Bunny.ply`のメッシュデータをファイルから読み込みます．

```
1   import open3d as o3d
2   import numpy as np
3
4   filename = "../3rdparty/Open3D/examples/test_data/Bunny.ply"
5   print("Loading a point cloud from", filename)
6   mesh = o3d.io.read_triangle_mesh(filename)
7   print(mesh)
8   mesh.compute_vertex_normals()
9
10  # 単位立方体にフィットさせる
11  mesh.scale(1 / np.max(mesh.get_max_bound() - mesh.get_min_bound()), center=mesh.
12      get_center())
13  o3d.visualization.draw_geometries([mesh])
```

これを実行すると，図7.2左のようにメッシュデータが表示されます．なお，11行目はメッシュデータのバウンディングボックスの1辺の最大値が1になるようメッシュデータをスケール変換しています．次に，このメッシュデータを1辺の長さが0.05のボクセルデータに変換します．

注1　https://github.com/NVIDIA/MinkowskiEngine

図 7.2 Open3D を用いたボクセルデータ変換.（左）入力メッシュデータ,（中央）メッシュデータから変換したボクセルデータ,（右）点群データから変換したボクセルデータ

```
1  print('mesh to voxel')
2  voxel_grid = o3d.geometry.VoxelGrid.create_from_triangle_mesh(mesh, voxel_size=0.05)
3  o3d.visualization.draw_geometries([voxel_grid])
```

これを実行すると，図 7.2 中のようなボクセルデータが表示されます．ここでは，メッシュデータ全体を含むバウンディングボックスを等間隔に分割するボクセルデータを用意し，1 つ以上のメッシュと交差するボクセルの値を 1，他のボクセルの値を 0 とする関数が実装されています．すべてのメッシュとすべてのボクセルの交差判定を行うため，処理には少し時間がかかります．なお，現時点では，メッシュデータをボクセルデータに変換する Open3D の関数内ではボクセルデータに色情報を付加する処理が実装されていません．

次に，点群データをボクセルデータに変換する処理を試してみましょう．

```
1  print('point cloud to voxel')
2  pcd = o3d.geometry.PointCloud()
3  pcd.points = mesh.vertices
4  pcd.colors = o3d.utility.Vector3dVector(np.random.uniform(0, 1, size=(np.array(pcd.points
5      ).shape[0], 3)))
6  voxel_grid = o3d.geometry.VoxelGrid.create_from_point_cloud(pcd, voxel_size=0.05)
7  o3d.visualization.draw_geometries([voxel_grid])
```

ここでは（上記プログラムの 3 行目で），単純にメッシュの各頂点を点群データとして抽出し，4 行目でランダムな色付けをしています．上記を実行すると，図 7.2 右のようなボクセルデータが表示されます．ここでは，1 つ以上の点を含むボクセルの値を 1，他のボクセルの値を 0 とする関数が実装されています．各点が含まれるボクセルのインデックスは一意に求まるため，メッシュデータを入力とする場合に比べて軽い処理となります．ここで，各ボクセルの色はそのボクセルが含むすべての点の持つ色の平均値としています．なお，下記の処理を実行することで，各点が（1 の値を持つ）ボクセルデータの中に含まれているかどうかを確認することが可能です．

```
1  # 点が占有されたボクセル内にあるかどうかをチェック
2  queries = np.asarray(pcd.points)
3  output = voxel_grid.check_if_included(o3d.utility.Vector3dVector(queries))
4  print(output[:10])
```

7.3 メッシュデータ処理

メッシュデータは 3 次元形状を表現する上で非常にコンパクトであり，かつ可視化に適したデータ形式です．特に CAD モデルなどの人工データはメッシュデータであることが多いでしょう．一方で，物体認識などの処理を行う上では，他の 3 次元データ形式に比べて使用される場面が多くはありません．本節では，メッシュデータから抽出する局所特徴量の 1 つである MeshHOG [81]を紹介します．MeshHOG は，テクスチャがマッピングされた（色，あるいは輝度情報を持つ）フォトメトリックなメッシュデータから抽出する特徴量です．論文 [81]の中では，MeshDOG という特徴点とその特徴量である MeshHOG が提案されています．MeshDOG は Difference of Gaussian (DOG) という異なるスケールのガウシアン画像の差分をとる演算の拡張に基づくものです．DOG とは，各画素における 2 次偏微分値を近似したものであり，例えば画像の SIFT 特徴量 [44]の特徴点は，DOG の極値をとる点として決定されることが知られています．MeshDOG は等間隔サンプリングされた三角形メッシュデータに対して，頂点ごとに近傍点の持つ値（色，あるいは輝度情報）を畳み込み，DOG を求めて特徴点を抽出します．ここで，メッシュの等間隔サンプリングとは，各面がほぼ同じ面積を持ち，各頂点と別の頂点との結合数がなるべく 6 に近くなるようメッシュデータを変形する処理を指し，このような処理は例えば文献 [35]で提案されたアルゴリズムを用いて実現できます．そして各特徴点を記述する MeshHOG 特徴量を特徴点の各近傍点における接平面上の勾配情報のヒストグラム（HOG, Histogram of Gradients）とします．ヒストグラムを計算するためには，(1) 勾配ベクトルを 3 つの直交平面に射影し，(2) 各平面上の極座標系で 4 分割した空間に射影し，(3) 射影された勾配ベクトルの方向を 8 分割したビンを作ります．最終的に得られる MeshHOG の次元数は $96(= 3 \times 4 \times 8)$ となります．

さて，本節の残りの部分では点群データからメッシュデータへの変換，およびメッシュデータから点群データへの変換について述べます．点群データからメッシュデータへの変換を行うアルゴリズムとしては，マーチングキューブ法 [43]が有名です．まず，点群データを 2 値のボクセルデータないし（物体表面上のボクセルが物体表面までの距離に応じた連続値である）TSDF データに変換します．Open3D では，例えば下記の処理で（空の）TSDF データ volume を定義します．

```
1  import open3d as o3d
2
3  volume = o3d.pipelines.integration.ScalableTSDFVolume(
4      voxel_length=4.0 / 512.0,
5      sdf_trunc=0.04,
6      color_type=o3d.pipelines.integration.TSDFVolumeColorType.RGB8)
```

次に，複数枚のRGBD画像とそのオドメトリを用いて，volumeに点群データの情報を統合していきます．オドメトリの推定方法については7.1節を参照ください．今回のサンプルコードでは，すでに取得したオドメトリをファイルから読み込んで使用します．

```
1  import numpy as np
2
3  class CameraPose:
4      def __init__(self, meta, mat):
5          self.metadata = meta
6          self.pose = mat
7      def __str__(self):
8          return 'Metadata : ' + ' '.join(map(str, self.metadata)) + '\n' + "Pose : " +
9              "\n" + np.array_str(self.pose)
10
11 def read_trajectory(filename):
12     traj = []
13     with open(filename, 'r') as f:
14         metastr = f.readline()
15         while metastr:
16             metadata = list(map(int, metastr.split()))
17             mat = np.zeros(shape=(4, 4))
18             for i in range(4):
19                 matstr = f.readline()
20                 mat[i] = np.fromstring(matstr, dtype=float, sep=' \t')
21             traj.append(CameraPose(metadata, mat))
22             metastr = f.readline()
23     return traj
24
25 dirname = "../3rdparty/Open3D/examples/test_data"
26 camera_poses = read_trajectory(dirname + "/RGBD/odometry.log")
```

これで，ファイルodometry.logからオドメトリを読み込むことができました．次に，RGBD画像を次々に読み込み，オドメトリを用いて点群データを幾何変換しつつ，volumeにデータを格納します．

```
1  for i in range(len(camera_poses)):
2      print("Integrate {:d}-th image into the volume.".format(i))
3      color = o3d.io.read_image(dirname + "/RGBD/color/{:05d}.jpg".format(i))
4      depth = o3d.io.read_image(dirname + "/RGBD/depth/{:05d}.png".format(i))
```

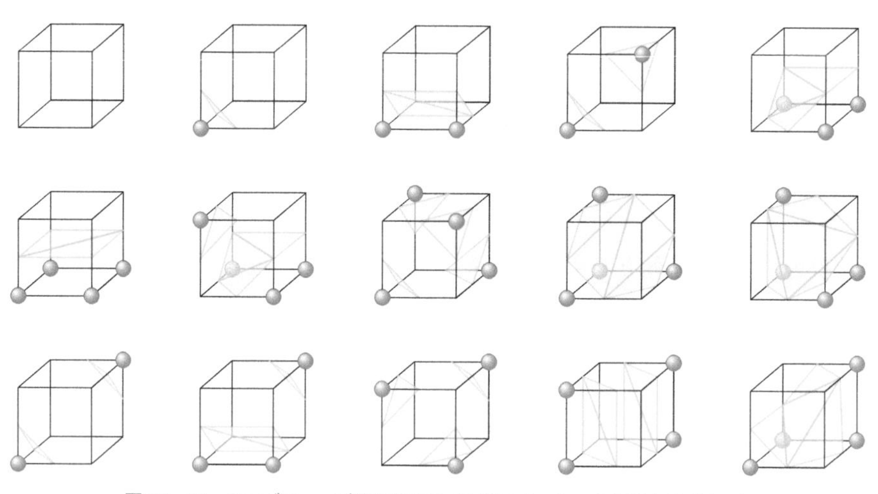

図 7.3　マーチングキューブ法における 15 個のメッシュの切り方のパターン

```
5        rgbd = o3d.geometry.RGBDImage.create_from_color_and_depth(
6            color, depth, depth_trunc=4.0, convert_rgb_to_intensity=False)
7        volume.integrate(
8            rgbd,
9            o3d.camera.PinholeCameraIntrinsic(
10               o3d.camera.PinholeCameraIntrinsicParameters.PrimeSenseDefault),
11           np.linalg.inv(camera_poses[i].pose))
```

こうして，TSDF データを取得することができました．

ここで，マーチングキューブ法を用いて TSDF データをメッシュデータに変換するアルゴリズムを説明します．マーチングキューブ法は，物体の表面が通るボクセル，すなわち今回の例では TSDF 値が 1 から -1 までの何らかの連続値をとるようなボクセルに対して，メッシュ（等値面）を切るという方法です．ボクセルの 8 個の頂点それぞれが物体の内側にあるか外側にあるかを考えると，メッシュの切り方のパターンは全部で $2^8 = 256$ 通りとなりますが，回転対称や反転を無視すると，全パターンは，図 7.3 に示す 15 通りとなります[注2]．仮にボクセルの頂点が物体の外側にある場合の値を 1，内側にある場合の値を 0 としたときに，辺の両端の頂点の持つ値が異なるようなボクセルの辺上にメッシュの頂点が存在することになります．ここで，TSDF 値は各ボクセルと物体表面との距離を表すため，ボクセルの頂点の値は 2 値ではなく，（メッシュとの近さを表す）連続値として算出できます．この値に基づいて線形補間することで，メッシュ頂点の座標を決定します．

では，さきほど取得した TSDF データ volume からメッシュデータを作成し描画してみましょう．

注2　とはいえ，実際にボクセルをメッシュに変換するプログラムの中では回転・反転操作を施したメッシュを区別するため全 256 通りを試すことになります．

図 7.4　Open3D を用いたマーチングキューブ法の実行結果．（左）作成されたメッシュデータ，（右）メッシュデータからサンプリングされた点群データ

```
1  print("Extract a triangle mesh from the volume and visualize it.")
2  mesh = volume.extract_triangle_mesh()
3  mesh.compute_vertex_normals()
4  o3d.visualization.draw_geometries([mesh],
5                                    front=[0.5297, -0.1873, -0.8272],
6                                    lookat=[2.0712, 2.0312, 1.7251],
7                                    up=[-0.0558, -0.9809, 0.1864],
8                                    zoom=0.47)
```

マーチングキューブ法によるメッシュデータの作成は 2 行目で行われています．上記のプログラムを実行すると，図 7.4 左のように，作成されたメッシュデータが描画されます．

最後に，作成されたメッシュデータから点群データをサンプリングし，表示させてみましょう．

```
1  print("Extract a point cloud from the mesh and visualize it.")
2  pcd = mesh.sample_points_uniformly(number_of_points=10000)
3  o3d.visualization.draw_geometries([pcd],
4                                    front=[0.5297, -0.1873, -0.8272],
5                                    lookat=[2.0712, 2.0312, 1.7251],
6                                    up=[-0.0558, -0.9809, 0.1864],
7                                    zoom=0.47)
```

上記のプログラムを実行すると，図 7.4 右のように点群データが描画されます．なお，今回の例では関数 sample_points_uniformly() を使用しましたが，これは各メッシュ上の点を（メッシュの面積に比例した個数だけ）ランダムサンプリングするという単純なアルゴリズムを用いています．他にも，例えば 2.4.3 節で紹介した Poisson Disk Sampling というサンプリング手法を使う選択肢もあります．これを用いることで，空間的均一性の高い点群データを得ることができます．

7.4 多視点画像処理

多視点画像（マルチビュー画像）とは，複数視点から 3 次元物体を観測して得られる 2 次元画像群のことを指します．例えば，5.1 節で紹介した RGB-D Object Dataset [38]では，RGBD 画像の多視点画像データが提供されています．このデータセットのように実物体の多視点画像を撮影するためには，回転テーブルや，あるいは物体を中心として周囲を移動するカメラを用いてデータを取得することになります．また，点群データや，ModelNet データセットなどの中の 3 次元物体データをファイルから読み込んで表示した後に，仮想カメラの視点を変化させることで多視点画像データを取得することもできます．

本節では，多視点画像を入力とする深層学習ベースの物体認識手法を 2 つ紹介します．まず，Multi-view CNN (MVCNN) [67]は，物体を中心として等間隔に配置された仮想カメラ視点から得られる 2 次元画像の集合を同時に 1 つの畳み込みニューラルネットワークに入力します．視点変化のバリエーションとしては，重力方向を固定の回転軸として 1 軸まわりに回転させる場合（“with upright assumption”）と，軸を固定せずに 3 次元回転を行う場合（“without upright assumption”）の 2 通りが試されています．前者の場合，カメラ間の角度を θ° とすると，1 つの物体につき $360/\theta^\circ$ 枚の多視点画像を観測します．後者の場合は，3.2.3 節で紹介した LightField Descriptor [12]と同様に正十二面体の全 20 個の頂点上にカメラを配置し，さらに各カメラ位置から見た視線方向を回転軸として 90° ずつ回転させた，計 80（$= 20 \times 4$）枚の多視点画像を観測します．多視点画像は 1 つのミニバッチ[注3]の中で同時に単一の畳み込みニューラルネットワークの層を通過し，中間に配置されたビュープーリング層で出力が統合されます．ビュープーリング層は，全視点画像の出力の中で最大の値を抽出する，いわゆる最大値プーリング処理が採用されており，その出力は多視点画像の並びに対して不変です．すなわち，物体の回転に対して不変な処理を行う手法となっています．

次に，本書の著者らが提案した手法である RotationNet [30, 31]を紹介します．MVCNN が回転不変な手法であるのに対し，RotationNet は回転（姿勢）依存な表現となっており，物体の姿勢を推定するのと同時にカテゴリを識別するという点が最大の特徴です．MVCNN と同様に，1 軸まわりの回転（“with upright assumption”）と 3 次元回転（“without upright assumption”）の 2 通りの視点変化を扱います．そして，視点の数を M，物体のカテゴリの数を N とした場合に，RotationNet ネットワークは（M 枚の多視点画像中の）各画像に対して，M 個の N 次元ベクトルを出力します．最終層にソフトマックス処理を加えることで，各ベクトルの L1 ノルムは 1 になっています．すなわち，各画像に対して，M 個の視点から見たそれ

注3　例えば深層学習のミニバッチサイズを 120，ビュー画像数を 12 とすると，1 イテレーションで 10 個の物体のサンプルを学習する処理となります．

ぞれの場合に対する N 個の物体カテゴリ尤度を出力するという手法になっています．学習過程では，M 枚の多視点画像を同時に入力し，得られる $M \times M$ 個の N 次元ベクトルに対して損失を計算します．このとき，各画像がどの視点から撮影された画像であるかを，あらゆる物体姿勢のパターンの中から最適なものを選択することで，自動的に決定します．物体姿勢のパターン数は“with upright assumption”の場合に M 通り，“without upright assumption”の場合に 20 通りであり，この中で正解の物体カテゴリの尤度が全カテゴリの中で最も高くなる場合を正しい姿勢であるとして採用します．すなわち，この手法は物体の姿勢に関する自己教師あり学習手法であるともいえます．推論過程では，$1 \leq M' \leq M$ 枚の多視点画像を入力して，学習過程と同様の方法で物体の姿勢を決定しつつ，尤度が最大となる物体カテゴリを出力します．このとき，M' 枚の画像はネットワークに同時入力する必要はなく，追加されるたびに逐次的に入力することで出力結果を更新することが可能です．このため，例えば自動運転車やロボットなどにカメラを搭載して移動しながら対象物体を撮影する場合の，実時間処理に適しています．

多視点画像を用いた手法は考え方も実装も非常に簡潔であるにもかかわらず，他のアプローチに比べ，3 次元物体識別タスクで最もよい性能が出ています．MVCNN は ModelNet データセットの 40 カテゴリ分類精度は前述の 3D ShapeNets [75]を 13.1% 上回る 90.1% となっています．そして RotationNet は 97.37% という現時点での世界最高精度を達成しています．ボクセルを用いたアプローチに対して多視点画像アプローチの深層学習の性能が出やすい理由の 1 つとして，第一に解像度の問題が挙げられます．ボクセルデータは 3 乗オーダで要素数が増えるため，解像度を上げにくいという問題があります．このため 3D ShapeNets は物体の 3 次元モデルを $30 \times 30 \times 30$ の（低解像度な）ボクセルデータに変換しており，これに対して，MVCNN と RotationNet は 224×224 サイズの多視点画像に変換しています．もう 1 つの理由としては，多視点画像アプローチでは洗練された 2 次元画像の深層ニューラルネットワークアーキテクチャと，（例えば ImageNet などの大規模画像データセットを用いて）学習済みのネットワーク重みの恩恵を受けられるのに対し，ボクセルを用いたアプローチの深層ネットワークは，比較的小規模のデータセットでの事前学習を余儀なくされるという問題が存在します．

さて，本節の残りの部分では Open3D を用いて多視点画像を表示するプログラムを紹介します．ここでは，LightField Descriptor，および MVCNN や RotationNet で用いられているように，正十二面体の全 20 個の頂点上に仮想カメラを配置して画像を取得します．まず，各頂点の 3 次元座標を変数 `vertices` に格納します．

```
import open3d as o3d
import numpy as np

phi = (1+np.sqrt(5))/2
vertices = np.asarray([
    [1, 1, 1],
    [1, 1, -1],
    [1, -1, 1],
    [1, -1, -1],
    [-1, 1, 1],
    [-1, 1, -1],
    [-1, -1, 1],
    [-1, -1, -1],
    [0, 1/phi, phi],
    [0, 1/phi, -phi],
    [0, -1/phi, phi],
    [0, -1/phi, -phi],
    [phi, 0, 1/phi],
    [phi, 0, -1/phi],
    [-phi, 0, 1/phi],
    [-phi, 0, -1/phi],
    [1/phi, phi, 0],
    [-1/phi, phi, 0],
    [1/phi, -phi, 0],
    [-1/phi, -phi, 0]
])
```

次に，各頂点に置かれたカメラからの視点で点群データを表示させるためのコールバック関数を定義します．

```
i = 0
ROTATION_RADIAN_PER_PIXEL = 0.003
def rotate_view(vis):
    global i
    if i >= vertices.shape[0]:
        vis.close()
        return False
    vis.reset_view_point(True)
    ctr = vis.get_view_control()
    az = np.arctan2(vertices[i,1], vertices[i,0])
    el = np.arctan2(vertices[i,2], np.sqrt(vertices[i,0] * vertices[i,0] + vertices[i,1]
        * vertices[i,1]))
    ctr.rotate(-az/ROTATION_RADIAN_PER_PIXEL, el/ROTATION_RADIAN_PER_PIXEL)
    i += 1
    return False
```

10 行目で i 番目の頂点の方位角 (azimuth)，11 行目で i 番目の頂点の高度 (elevation) を計算し，13 行目で視点を回転させています．ROTATION_RADIAN_PER_PIXEL は，画像 1 ピクセルの回転角（ラジアン）を表しており，Open3D ではこの値が 0.003 と定義されています．13 行目の関数の引数はピクセル数で与える必要があるため，先に求めた方位角と高度を ROTATION_RADIAN_PER_PIXEL で除算しています．

次に，Bunny.ply のメッシュデータをファイルから読み込みます．

```
1  filename = "../3rdparty/Open3D/examples/test_data/Bunny.ply"
2  pcd = o3d.io.read_point_cloud(filename)
```

最後に，先に定義したコールバック関数を用いて読み込んだ点群ファイルを描画します．

```
1  key_to_callback = {}
2  key_to_callback[ord(" ")] = rotate_view
3  o3d.visualization.draw_geometries_with_key_callbacks([pcd], key_to_callback)
```

これを実行すると，点群データが表示されます．スペースキーを 1 回押すと，次のカメラ視点から見た点群データに表示が切り替わります．20 個すべてのカメラ視点からのデータを表示すると，プログラムを終了します．

7.5 Implicit Function を用いた 3 次元形状表現

3 次元形状を滑らかに記述するための手法として，近年では Implicit Function による 3 次元形状表現をニューラルネットワークで近似する手法が注目されつつあります．ここでは，そのアイデアについて簡単に紹介します．

3 次元空間中についてスカラ値を返す関数 $\mathbf{F}(\mathbf{p})$ を考えます．この関数は空間中の各点 $\mathbf{p}$ に対応した関数値を記述し，この関数の等高線によって目的の 3 次元形状を表します．すなわち $\mathbf{F}(\mathbf{p}) = \tau$（ここで τ は等高線の高さを表す定数）によって与えられる空間中の曲面を考えます．このような関数として代表的なのが Signed Distance Function (SDF) や Occupancy です．DeepSDF による形状表現の例を図 7.5 に示します．SDF では物体表面の関数値を $\tau = 0$ とし，関数値として物体表面からの距離を与えます．このとき物体の内側と外側で符号が異なるようにすることで内側と外側を区別できる自然な関数を考えることができます．また，Occupancy では物体の内側を 1，外側を 0 とし空間中の各点における物体の占有度によって形状を記述します．このような形状の表現は直接 3 次元形状を記述しているわけではなく，関数の等高線によって陰的に（メッシュのような直接的な記述でなく）表面を表しているため，

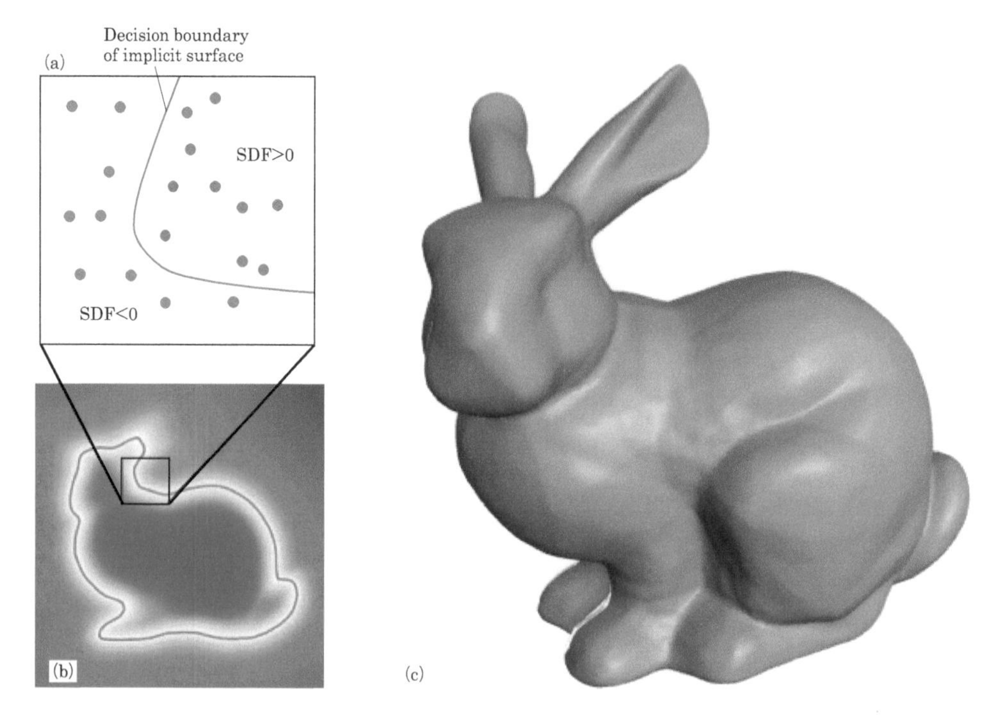

図 7.5　DeepSDF による Stanford Bunny 記述の例．DeepSDF[55]より引用

Implicit Function注4による形状表現と呼ばれています．

このような 3 次元形状を空間中の等高線を用いて表現する手法として，古典的には Metaball から発展した手法・レベルセットによるアプローチがさまざま提案されてきました．その後 CVPR2019 で同時に発表された DeepSDF[55], Occupancy Networks, IM-Net においてほぼ同様のアプローチであるニューラルネットワークによる Implicit Function の記述が提案されました．

ニューラルネットワークを用いて Implicit Function をモデル化する場合，形状を表すパラメータ θ に対応した関数を学習することになります．したがって，3 次元座標 $\mathbf{p}$ と形状を表すパラメータ θ を入力として所望する関数値を出力する $\mathbf{F}(\mathbf{p};\theta)$ をニューラルネットワークで近似・学習します．この関数は 3 次元形状に関する情報を陽に（メッシュなどのような直接的な記述で）扱っていないため，例えば PointNet のような 3 次元データを扱うための工夫をする必要はなく，一般的な多層パーセプトロン (Multi-Layer Perceptron, MLP) を用いることができます．形状を表すパラメータについては別途考慮する必要があり，例えば IM-Net や Occupancy Networks では対応する形状に合わせたエンコーダ (3D CNN など) を，DeepSDF では形状を表すパラメータを直接勾配ベースで最適化する手法 (Auto Decoder) を用います．

注 4　あるいは後述のようにニューラルネットワークを用いた表現の場合には Implicit Neural Representation．

Implicit Function による形状表現は，滑らかで整合性のとれた3次元形状を表現できるというメリットがあります．既存の3次元形状表現と比較すると，例えばボクセル表現の場合ボクセルの解像度に従う量子化がなされるため，ギザギザとした形状表現となってしまいます．点群やメッシュを用いた場合には各点（各頂点）が空間中で任意の座標をとれるためボクセル表現ほどの粗さはなくなりますが，それでも各頂点で離散化されるため点数（頂点数）に応じて粗い表現となってしまいます．加えて，特に工夫をしていない点群やメッシュでは物体の内側と外側を明示的に区別していないため，自己交差するような形状を表現できてしまうという欠点があります．Implicit Function を用いた形状表現では空間中の任意の点について滑らかな関数となっていることが期待できるため，いくらでも解像度を上げることができ，さらに自己交差も生じません．

上記のようなメリットがある一方で，デメリットとして学習が難しい，複雑なシーンをうまく記述できないなどの問題点も指摘されています．最近では Implicit Function を用いた形状表現の性能向上に向けたさまざまな研究（例えば周期関数を利用した高周波な形状の学習，局所的な形状を表すパラメータの導入）がなされており，今後の研究次第ではボクセルや3次元点群，メッシュのように一般的な3次元形状表現となることも期待されています．さらに新規視点画像生成などで発展している NeRF (Neural Radiance Fields) などの光線を考える体積ベースの手法（volumetric な手法）とも相性がよく，形状表現とレンダリングを合わせた研究も発展しつつあります．

章末問題

問題 7.1

点群データに比べて，RGBD 画像データを扱うほうが適しているタスクはどのようなものがあるでしょうか．例を1つ挙げ，その理由を述べてください．

問題 7.2

点群データに比べて，ボクセルデータを扱うほうが適しているタスクはどのようなものがあるでしょうか．例を1つ挙げ，その理由を述べてください．

問題 7.3

点群データに比べて，メッシュデータを扱うほうが適しているタスクはどのようなものがあるでしょうか．例を1つ挙げ，その理由を述べてください．

問題 7.4

点群データに比べて，多視点画像データを扱うほうが適しているタスクはどのようなものがあるでしょうか．例を1つ挙げ，その理由を述べてください．

問題 7.5

DeepSDF や NeRF のような，空間中の関数をニューラルネットワークでモデル化して 3 次元形状・光線場などを取り扱う手法が急速に発展しています．「Neural Network and Implicit Function」「Implicit Neural Representations」「ニューラル場 (Neural Field)」などのキーワードで検索し，これらの手法の新たな成果を調べてみましょう．

問題 7.6

あなたの大切なものを思い浮かべ，それを 3 次元データとして保存することを考えてください．その場合，どのようなデータ形式で保存しますか．また，その理由を述べてください．

参考文献

[1] YCB Benchmarks – Object and Model Set. `https://www.ycbbenchmarks.com/`.

[2] Data-driven upsampling of point clouds. *Computer-Aided Design*, 112:1–13, 2019.

[3] M. Abadi, A. Agarwal, P. Barham, E. Brevdo, Z. Chen, C. Citro, G. S. Corrado, A. Davis, J. Dean, M. Devin, S. Ghemawat, I. Goodfellow, A. Harp, G. Irving, M. Isard, Y. Jia, R. Jozefowicz, L. Kaiser, M. Kudlur, J. Levenberg, D. Mané, R. Monga, S. Moore, D. Murray, C. Olah, M. Schuster, J. Shlens, B. Steiner, I. Sutskever, K. Talwar, P. Tucker, V. Vanhoucke, V. Vasudevan, F. Viégas, O. Vinyals, P. Warden, M. Wattenberg, M. Wicke, Y. Yu, and X. Zheng. TensorFlow: Large-scale machine learning on heterogeneous distributed systems, 2015.

[4] A. F. Agarap. Deep learning using rectified linear units (relu). *arXiv preprint 1803.08375*, 2018.

[5] S. Akizuki and M. Hashimoto. Asm-net: Category-level pose and shape estimation using parametric deformation. In *Proceedings of British Machine Vision Conference (BMVC)*, 2021.

[6] M. Ankerst, G. Kastenmüller, H.-P. Kriegel, and T. Seidl. 3D shape histograms for similarity search and classification in spatial databases. In *International Symposium on Spatial Databases*, 207–226, 1999.

[7] Y. Aoki, H. Goforth, R. Arun Srivatsan, and S. Lucey. Pointnetlk: Robust & efficient point cloud registration using pointnet. In *IEEE/CVF Conference on Computer Vision and Pattern Recognition (CVPR)*, 2019.

[8] I. Armeni, O. Sener, A. R. Zamir, H. Jiang, I. Brilakis, M. Fischer, and S. Savarese. 3d semantic parsing of large-scale indoor spaces. In *IEEE/CVF Conference on Computer Vision and Pattern Recognition (CVPR)*, 2016.

[9] P. J. Besl and N. D. McKay. A method for registration of 3-d shapes. In *Sensor fusion IV: control paradigms and data structures*, 1611:586–606, 1992.

[10] B. Calli, A. Walsman, A. Singh, S. Srinivasa, P. Abbeel, and A. M. Dollar. Benchmarking in manipulation research: The ycb object and model set and benchmarking protocols. *IEEE Robotics and Automation Magazine*, 22(3):36–52, 2015.

[11] R. Q. Charles, H. Su, M. Kaichun, and L. J. Guibas. Pointnet: Deep learning on point sets for 3d classification and segmentation. In *IEEE/CVF Conference on Computer Vision and Pattern Recognition (CVPR)*, 2017.

[12] D.-Y. Chen, X.-P. Tian, Y.-T. Shen, and M. Ouhyoung. On visual similarity based 3D model retrieval. *Computer Graphics Forum*, 22(3):223–232, 2003.

[13] S. Choi, Q.-Y. Zhou, and V. Koltun. Robust reconstruction of indoor scenes. In *Proceedings of IEEE/CVF Conference on Computer Vision and Pattern Recognition (CVPR)*, 5556–5565, 2015.

[14] T. F. Cootes, C. J. Taylor, D. H. Cooper, and J. Graham. Active Shape Models-Their Training and Application. *Computer Vision and Image Understanding (CVIU)*, 61(1):38–59, 1995.

[15] G. Csurka, C. Dance, L. Fan, J. Willamowski, and C. Bray. Visual categorization with bags of keypoints. In *Workshop on Statistical Learning in Computer Vision, ECCV*, 1:1–22, 2004.

[16] H. Deng, T. Birdal, and S. Ilic. Ppfnet: Global context aware local features for robust 3d point matching. In *IEEE/CVF Conference on Computer Vision and Pattern Recognition (CVPR)*, 2018.

[17] B. Drost, M. Ulrich, N. Navab, and S. Ilic. Model globally, match locally: Efficient and robust 3d object recognition. In *IEEE/CVF Conference on Computer Vision and Pattern Recognition (CVPR)*, 2010.

[18] Y. Eldar, M. Lindenbaum, M. Porat, and Y. Zeevi. The farthest point strategy for progressive image sampling. *IEEE Transactions on Image Processing*, 6(9):1305–1315, 1997.

[19] M. Ester, H.-P. Kriegel, J. Sander, X. Xu, et al. A density-based algorithm for discovering clusters in large spatial databases with noise. In *ACM SIGKDD Conference on Knowledge Discovery and Data Mining*, 96:226–231, 1996.

[20] M. Fey and J. E. Lenssen. Fast graph representation learning with PyTorch Geometric. In *International Conference on Learning Representations (ICLR) Workshop on Representation Learning on Graphs and Manifolds*, 2019.

[21] Z. Gojcic, C. Zhou, J. D. Wegner, and A. Wieser. The perfect match: 3d point cloud matching with smoothed densities. In *IEEE/CVF Conference on Computer Vision and Pattern Recognition (CVPR)*, 2019.

[22] F. Groh, P. Wieschollek, and H. P. A. Lensch. Flex-convolution (million-scale point-cloud learning beyond grid-worlds). In *Asian Conference on Computer Vision (ACCV)*, 2018.

[23] S. Gupta, R. Girshick, P. Arbelaez, and J. Malik. Learning rich features from RGB-D images for object detection and segmentation. In *European Conference on Computer Vision (ECCV)*, 2014.

[24] C. Harris, M. Stephens. A combined corner and edge detector. In *Alvey Vision Conference*, 15:147–151, 1988.

[25] K. He, G. Gkioxari, P. Dollár, and R. Girshick. Mask r-cnn. In *Proceedings of IEEE/CVF International Conference on Computer Vision (ICCV)*, 2961–2969, 2017.

[26] B. Horn. Closed-form solution of absolute orientation using unit quaternions. *Journal of the Optical Society of America. A*, 4:629–642, 1987.

[27] S. Ioffe and C. Szegedy. Batch normalization: Accelerating deep network training by reducing internal covariate shift. In *International Conference on Machine Learning (ICML)*, 2015.

[28] M. Jaderberg, K. Simonyan, A. Zisserman, and K. kavukcuoglu. Spatial transformer networks. In *Neural Information Processing Systems (NIPS)*, 2015.

[29] A. E. Johnson and M. Hebert. Using spin images for efficient object recognition in cluttered 3D scenes. *IEEE Transactions on Pattern Analysis and Machine Intelligence (PAMI)*, 21:433–449, 1999.

[30] A. Kanezaki, Y. Matsushita, and Y. Nishida. Rotationnet: Joint object categorization and pose estimation using multiviews from unsupervised viewpoints. In *Proceedings of IEEE/CVF Conference on Computer Vision and Pattern Recognition (CVPR)*, 5010–5019, 2018.

[31] A. Kanezaki, Y. Matsushita, and Y. Nishida. Rotationnet for joint object categorization and unsupervised pose estimation from multi-view images. *IEEE Transactions on Pattern Analysis and Machine Intelligence (PAMI)*, 43(1):269–283, 2019.

[32] M. Kazhdan, T. Funkhouser, and S. Rusinkiewicz. Rotation invariant spherical harmonic representation of 3D shape descriptors. In *Symposium on Geometry Processing*, 2003.

[33] C. Kerl, J. Sturm, and D. Cremers. Dense visual slam for rgb-d cameras. In *Proceedings of IEEE/RSJ International Conference on Intelligent Robots and Systems (IROS)*, 2100–2106, IEEE, 2013.

[34] C. Kerl, J. Sturm, and D. Cremers. Robust odometry estimation for rgb-d cameras. In *Proceedings of IEEE International Conference on Robotics and Automation (ICRA)*, 3748–3754, IEEE, 2013.

[35] L. P. Kobbelt, T. Bareuther, and H.-P. Seidel. Multiresolution shape deformations for meshes with dynamic vertex connectivity. *Computer Graphics Forum*, 19(3):249–260, 2000.

[36] J. Ku, M. Mozifian, J. Lee, A. Harakeh, and S. Waslander. Joint 3d proposal generation and object detection from view aggregation. In *IEEE/RSJ International Conference on Intelligent Robots and Systems (IROS)*, 2018.

[37] K. Lai, L. Bo, X. Ren, and D. Fox. A scalable tree-based approach for joint object and pose recognition. In *Proceedings of AAAI Conference on Artificial Intelligence*, 2011.

[38] K. Lai, L. Bo, X. Ren, and D. Fox. Sparse distance learning for object recognition combining rgb and depth information. In *Proceedings of IEEE International Conference on Robotics and Automation (ICRA)*, 4007–4013, IEEE, 2011.

[39] A. H. Lang, S. Vora, H. Caesar, L. Zhou, J. Yang, and O. Beijbom. Pointpillars: Fast encoders for object detection from point clouds. In *IEEE/CVF Conference on Computer Vision and Pattern Recognition (CVPR)*, 2019.

[40] J. Li and G. H. Lee. Usip: Unsupervised stable interest point detection from 3d point clouds. In *IEEE/CVF International Conference on Computer Vision (ICCV)*, 2019.

[41] M. Liang, B. Yang, S. Wang, and R. Urtasun. Deep continuous fusion for multi-sensor 3d object detection. In *European Conference on Computer Vision (ECCV)*, 2018.

[42] H. Lin, Z. Xiao, Y. Tan, H. Chao, and S. Ding. Justlookup: One millisecond deep feature extraction for point clouds by lookup tables. In *IEEE International Conference on Multimedia and Expo (ICME)*, 2019.

[43] W. E. Lorensen and H. E. Cline. Marching cubes: A high resolution 3d surface construction algorithm. *ACM SIGGRAPH Computer Graphics*, 21(4):163–169, 1987.

[44] D. G. Lowe. Distinctive image features from scale-invariant keypoints. *International Journal of Computer Vision*, 60(2):91–110, 2004.

[45] A. L. Maas, A. Y. Hannun, and A. Y. Ng. Rectifier nonlinearities improve neural network acoustic models. In *International Conference on Machine Learning (ICML) Workshop on Deep Learning for Audio, Speech and Language Processing*, 2013.

[46] T. Malisiewicz and A. A. Efros. Improving spatial support for objects via multiple segmentations. In *Proceedings of British Machine Vision Conference (BMVC)*, 2007.

[47] J. Mao, Y. Xue, M. Niu, H. Bai, J. Feng, X. Liang, H. Xu, and C. Xu. Voxel transformer for 3d object detection. In *IEEE/CVF International Conference on Computer Vision (ICCV)*, 2021.

[48] Z.-C. Marton, F. Balint-Benczedi, O. M. Mozos, N. Blodow, A. Kanezaki, L. C. Goron, D. Pangercic, and M. Beetz. Part-based geometric categorization and object reconstruction in cluttered table-top scenes. *Journal of Intelligent & Robotic Systems*, 76(1):35–56, 2014.

[49] D. Maturana and S. Scherer. Voxnet: A 3d convolutional neural network for real-time object recognition. In *IEEE/RSJ International Conference on Intelligent Robots and Systems (IROS)*, 922–928, 2015.

[50] L. Mescheder, M. Oechsle, M. Niemeyer, S. Nowozin, and A. Geiger. Occupancy networks: Learning 3d reconstruction in function space. In *Proceedings of IEEE/CVF Conference on Computer Vision and Pattern Recognition (CVPR)*, 4460–4470, 2019.

[51] N. Silberman, D. Hoiem, P. Kohli and R. Fergus. Indoor segmentation and support inference from rgbd images. In *Proceedings of European Conference on Computer Vision (ECCV)*, 2012.

[52] R. A. Newcombe, S. Izadi, O. Hilliges, D. Molyneaux, D. Kim, A. J. Davison, P. Kohi, J. Shotton, S. Hodges, and A. Fitzgibbon. Kinectfusion: Real-time dense surface mapping and tracking. In *2011 10th IEEE international symposium on mixed and augmented reality*, 127–136, IEEE, 2011.

[53] R. Ohbuchi, K. Osada, T. Furuya, and T. Banno. Salient local visual features for shape-based 3d model retrieval. In *2008 IEEE International Conference on Shape Modeling and Applications*, 93–102, IEEE, 2008.

[54] J. Park, Q.-Y. Zhou, and V. Koltun. Colored point cloud registration revisited. In *Proceedings of IEEE/CVF International Conference on Computer Vision (ICCV)*, 143–152, 2017.

[55] J. J. Park, P. Florence, J. Straub, R. Newcombe, and S. Lovegrove. Deepsdf: Learning continuous signed distance functions for shape representation. In *IEEE/CVF Conference on Computer Vision and Pattern Recognition (CVPR)*, 2019.

[56] G. Pasqualotto, P. Zanuttigh, and G. M. Cortelazzo. Combining color and shape descriptors for 3D model retrieval. *Signal Processing: Image Communication*, 28(6):608–623, 2013.

[57] A. Paszke, S. Gross, F. Massa, A. Lerer, J. Bradbury, G. Chanan, T. Killeen, Z. Lin, N. Gimelshein, L. Antiga, A. Desmaison, A. Kopf, E. Yang, Z. DeVito, M. Raison, A. Tejani, S. Chilamkurthy, B. Steiner, L. Fang, J. Bai, and S. Chintala. Pytorch: An imperative style, high-performance deep learning library. In *Neural Information Processing Systems (NeurIPS)*, 2019.

[58] C. R. Qi, O. Litany, K. He, and L. J. Guibas. Deep hough voting for 3d object detection in point clouds. In *IEEE/CVF International Conference on Computer Vision (ICCV)*, 2019.

[59] C. R. Qi, L. Yi, H. Su, and L. J. Guibas. Pointnet++ deep hierarchical feature learning on point sets in a metric space. In *Proceedings of Advances in Neural Information Processing Systems (NIPS)*, 5105–5114, 2017.

[60] R. B. Rusu, N. Blodow, and M. Beetz. Fast point feature histograms (FPFH) for 3D registration. In *IEEE International Conference on Robotics and Automation (ICRA)*, 3212–3217, 2009.

[61] R. B. Rusu, N. Blodow, Z. C. Marton, and M. Beetz. Aligning point cloud views using persistent feature histograms. In *IEEE/RSJ International Conference on Intelligent Robots and Systems (IROS)*, 3384–3391, 2008.

[62] S. Shi, C. Guo, L. Jiang, Z. Wang, J. Shi, X. Wang, and H. Li. Pv-rcnn: Point-voxel feature set abstraction for 3d object detection. In *IEEE/CVF Conference on Computer Vision and Pattern Recognition (CVPR)*, 2020.

[63] S. Song, S. P. Lichtenberg, and J. Xiao. Sun rgb-d: A rgb-d scene understanding benchmark suite. In *Proceedings of IEEE/CVF Conference on Computer Vision and Pattern Recognition (CVPR)*, 567–576, 2015.

[64] S. Song and J. Xiao. Deep sliding shapes for amodal 3D object detection in RGB-D images. In *IEEE/CVF Conference on Computer Vision and Pattern Recognition (CVPR)*, 2016.

[65] F. Steinbrücker, J. Sturm, and D. Cremers. Real-time visual odometry from dense rgb-d images. In *IEEE/CVF International Conference on Computer Vision Workshops (ICCV Workshops)*, 719–722, IEEE, 2011.

[66] J. Sturm, N. Engelhard, F. Endres, W. Burgard, and D. Cremers. A benchmark for the evaluation of rgb-d slam systems. In *Proceedings of IEEE/RSJ International Conference on Intelligent Robots and Systems (IROS)*, 573–580, 2012.

[67] H. Su, S. Maji, E. Kalogerakis, and E. G. Learned-Miller. Multi-view convolutional neural networks for 3D shape recognition. In *IEEE/CVF International Conference on Computer Vision (ICCV)*, 945–953, 2015.

[68] F. Tombari, S. Salti, and L. Di Stefano. A combined texture-shape descriptor for enhanced 3D feature matching. In *IEEE International Conference on Image Processing (ICIP)*, 809–812, 2011.

[69] F. Tombari, S. Salti, and L. D. Stefano. Unique signatures of histograms for local surface description. In *European Conference on Computer Vision (ECCV)*, 2010.

[70] S. Umeyama. Least-squares estimation of transformation parameters between two point patterns. *IEEE Transactions on Pattern Analysis and Machine Intelligence (PAMI)*, 13(4):376–380, 1991.

[71] C. Wang, D. Xu, Y. Zhu, R. Martín-Martín, C. Lu, L. Fei-Fei, and S. Savarese. Densefusion: 6d object pose estimation by iterative dense fusion. In *IEEE/CVF Conference on Computer Vision and Pattern Recognition (CVPR)*, 2019.

[72] H. Wang, S. Sridhar, J. Huang, J. Valentin, S. Song, and L. J. Guibas. Normalized object coordinate space for category-level 6d object pose and size estimation. In *Proceedings of IEEE/CVF Conference on Computer Vision and Pattern Recognition (CVPR)*, 2642–2651, 2019.

[73] P.-S. Wang, Y. Liu, Y.-X. Guo, C.-Y. Sun, and X. Tong. O-cnn: Octree-based convolutional neural networks for 3d shape analysis. *ACM Transactions on Graphics (TOG)*, 36(4):1–11, 2017.

[74] Y. Wang, Y. Sun, Z. Liu, S. E. Sarma, M. M. Bronstein, and J. M. Solomon. Dynamic graph cnn for learning on point clouds. *ACM Transactions on Graphics (TOG)*, 38(5), 2019.

[75] Z. Wu, S. Song, A. Khosla, F. Yu, L. Zhang, X. Tang, and J. Xiao. 3d shapenets: A deep representation for volumetric shapes. In *IEEE/CVF Conference on Computer Vision and Pattern Recognition (CVPR)*, 1912–1920, 2015.

[76] Y. Xu, T. Fan, M. Xu, L. Zeng, and Y. Qiao. Spidercnn: Deep learning on point sets with parameterized convolutional filters. In *European Conference on Computer Vision (ECCV)*, 2018.

[77] B. Yang, W. Luo, and R. Urtasun. Pixor: Real-time 3d object detection from point clouds. In *IEEE/CVF Conference on Computer Vision and Pattern Recognition (CVPR)*, 2018.

[78] J. Yang, Q. Zhang, B. Ni, L. Li, J. Liu, M. Zhou, and Q. Tian. Modeling point clouds with self-attention and gumbel subset sampling. In *IEEE/CVF Conference on Computer Vision and Pattern Recognition (CVPR)*, 2019.

[79] Y. Yang, C. Feng, Y. Shen, and D. Tian. Foldingnet: Point cloud auto-encoder via deep grid deformation. In *IEEE/CVF Conference on Computer Vision and Pattern Recognition (CVPR)*, 2018.

[80] W. Yuan, D. Held, C. Mertz, and M. Hebert. Iterative transformer network for 3d point cloud. *arXiv preprint 1811.11209*, 2018.

[81] A. Zaharescu, E. Boyer, K. Varanasi, and R. Horaud. Surface feature detection and description with applications to mesh matching. In *IEEE/CVF Conference on Computer Vision and Pattern Recognition (CVPR)*, 373–380, 2009.

[82] M. Zaheer, S. Kottur, S. Ravanbakhsh, B. Poczos, R. R. Salakhutdinov, and A. J. Smola. Deep sets. In *Neural Information Processing Systems (NIPS)*, 2017.

[83] Z. Zhang, B.-S. Hua, and S.-K. Yeung. Shellnet: Efficient point cloud convolutional neural networks using concentric shells statistics. In *IEEE/CVF International Conference on Computer Vision (ICCV)*, 2019.

[84] Y. Zhong. Intrinsic shape signatures: A shape descriptor for 3d object recognition. In *IEEE/CVF International Conference on Computer Vision Workshops (ICCV Workshops)*, 689–696, IEEE, 2009.

[85] Z. Zhou, Y. Zhang, and H. Foroosh. Panoptic-polarnet: Proposal-free lidar point cloud panoptic segmentation. In *IEEE/CVF Conference on Computer Vision and Pattern Recognition (CVPR)*, 2021.

[86] 大関真之. 機械学習入門. オーム社, 2016.

[87] 岡谷貴之. 深層学習. 講談社, 2015.

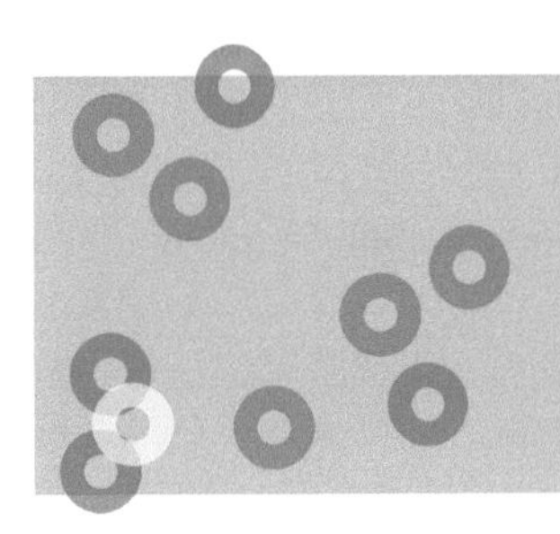

索引

コマンド・スクリプト

数字

欧字

» A

» B

» C

» D

和字

著者紹介

金崎朝子　博士（情報理工学）

2013 年　東京大学大学院情報理工学系研究科博士課程修了
現　在　東京工業大学情報理工学院　准教授
著　書　（共著）『コンピュータビジョン』共立出版（2018）

秋月秀一　博士（情報科学）

2016 年　中京大学大学院情報科学研究科博士後期課程修了
現　在　中京大学工学部機械システム工学科　講師
著　書　（共著）『コンピュータビジョン最前線 Winter 2021』共立出版（2021）

千葉直也　博士（情報科学）

2020 年　東北大学大学院情報科学研究科博士課程後期修了
現　在　東北大学大学院情報科学研究科　助教

NDC548.3　　190p　　24cm

詳解　3 次元点群処理
Python による基礎アルゴリズムの実装

2022 年 10 月 3 日　第 1 刷発行
2024 年 5 月 17 日　第 6 刷発行

著　者　金崎朝子・秋月秀一・千葉直也
発行者　森田浩章
発行所　株式会社　講談社
〒112-8001　東京都文京区音羽 2-12-21
販　売　(03) 5395-4415
業　務　(03) 5395-3615

KODANSHA

編　集　株式会社　講談社サイエンティフィク
代表　堀越俊一
〒162-0825　東京都新宿区神楽坂 2-14　ノービィビル
編　集　(03) 3235-3701

本文データ制作　株式会社トップスタジオ
印刷・製本　株式会社ＫＰＳプロダクツ

落丁本・乱丁本は，購入書店名を明記のうえ，講談社業務宛にお送り下さい．
送料小社負担にてお取替えします．
なお，この本の内容についてのお問い合わせは講談社サイエンティフィク宛にお願いいたします．定価はカバーに表示してあります．

ISBN 978-4-06-529343-0